GOETHE

Grundzüge seines Lebens und Werkes

von Hans Böhm

1944

Walter de Gruyter & Co.

Berlin

Mit 8 Bildern

Dritte Auflage

Archiv-Nr. 346144

Druck von Walter de Gruyter & Co., Berlin W 35
vormals G. J. Göschen'sche Verlagshandlung — J. Guttentag
Verlagsbuchhandlung — Georg Reimer — Karl J. Trübner
Veit & Comp.

INHALT

DER JUNGE GOETHE

DER KLASSISCHE GOETHE

DER ALTE GOETHE

DIE TAFELN

Nichts vom Vergänglichen,
Wie's auch geschah!
Uns zu verewigen
Sind wir ja da.

Jenes süße Gedränge der leichtesten irdischen Tage,
Ach wer schätzt ihn genug, diesen vereilenden Wert!

VORWORT

Die scheinbar unvereinbaren Ziele, welche die obigen Verse einer jeden Lebensbetrachtung stecken, sucht die folgende Darstellung zu verbinden; sie will den Ertrag des Goetheschen Lebens gewinnen, ohne dieses Leben selbst zu verflüchtigen; Werk und Tätigkeit sollen aus dem lebendigen Menschen natürlich hervorgehn. Wie Goethe einmal die Form seiner Italienischen Reise rechtfertigt: »Resultate bleiben freilich, das ist denn wohl der Zweck; aber früher war das Leben.« Dieses Leben sinnfällig zu machen und jenen Geist aus Goethes eignem Wort abzulesen ist daher ein Hauptanliegen dieser Arbeit.

Der Verfasser hat sich möglichster Kürze beflissen – ein wohltätiger Zwang, um das Wesentliche dieses unermeßlichen Daseins zu erfassen und, gegliedert nach Lebensabschnitten und den poetischen Gattungen, zu formen. Er mußte dabei die Ergebnisse und Auffassungen der heutigen Wissenschaft am eigenen Erlebnis messen: nur im Wagnis persönlichen Wertens entsteht ein, wenn vielleicht nicht immer wirkliches, aber »wahres« Porträt.

Es ist zunächst denen zugedacht, die im Berufsleben keine Möglichkeit finden, aus zahllosen Tatsachen, Untersuchungen und Darstellungen sich selber das Bild des Dichters zusammenzusetzen.

Sodann möchte die kleine Biographie den jungen Menschen zum größten Bildner- und Denkergeist unseres Volkes leiten. »Jugend ohne Goethe« kann nur eine vorübergehende Erscheinung sein; dem Mißverstehen muß eine Wiedererkennung Goethes folgen; zu solch vaterländischem Werk will diese Arbeit einen Beitrag leisten.

Zuletzt ist sie ein Bekenntnis ehrfürchtigen Dankes für geistige und sittliche Wohltaten, die weiterzureichen schönste Pflicht ist. -

Für die neue Auflage wurde der Text teilweise umgeformt, die Zahl der Bildbeilagen verdoppelt, das Format handlicher gestaltet. Der Grundcharakter des so günstig aufgenommenen kleinen Buches blieb unangetastet. —

Von wenigen Stellen abgesehen, ist die dritte Auflage ein unveränderter Abdruck der zweiten.

DER JUNGE
GOETHE

Seht den Felsenquell,
Freudehell,
Wie ein Sternenblick!
Über Wolken
Nährten seine Jugend
Gute Geister
Zwischen Klippen im Gebüsch.

KINDHEIT UND JUGEND

1749—1765

Als Johann Wolfgang Goethe am 28. August 1749 in Frankfurt am Main zur Welt kam, war der Vater 39, die Mutter 18 Jahre alt; sie haben ihrem Erstgeborenen jene zugleich spannkräftige und zarte Konstitution vererbt, welche, schwere körperliche und seelische Anfälle überwindend, ihn zu hohen Jahren kommen ließ.

Die Familie des Vaters stammte aus Thüringen und gehörte dem Kleinbürger- und Handwerkerstand an. Der Großvater des Dichters war erst zweiundsechzig Jahre vor dessen Geburt als Damenschneider nach Frankfurt zugezogen; dort ist er als Gastwirt und Weinhändler zu dem Vermögen gekommen, von dem die folgenden drei Generationen gezehrt haben. Einen mächtigen Schritt aufwärts auf der sozialen Leiter tat sein Sohn Johann Kaspar, der Kaiserliche Rat, ein pathologischer Sonderling. Zeigt diese Familie die Eigenschaften aufstrebender Schichten: Ehrgeiz, Fleiß und Gewissenhaftigkeit, Sparsamkeit, Anspannung der Verstandes- und Willenskräfte, so gehört die Familie der grundgesunden Mutter, die Textors, alteingesessenen Stadtgeschlechtern an, mit den Zügen natürlichen

Formensinns, gut rheinischen Hanges zum Lebensgenuß, der Betonung des Gefühls und der Phantasie – wie sie am schönsten »Frau Aja« selbst dargelebt hat.

Goethe, in der Jugend dieser, später dem Vater ähnlicher, trug in sich die hier angedeuteten Gegensätze seiner Eltern nach Lebensalter, Herkunft und Charakter – eine Mischung stärkster Widersprüche, die in ihm den Genius entzündet hat. Während seiner unseligen Schwester Cornelia der Ausgleich so uneinheitlichen Erbes nicht gelungen ist, hat Goethe selbst, immer hart am Abgrund wandelnd, diese Aufgabe in lebenslangem Ringen bewältigt. Er ist darüber zur reichsten und verschlungensten Persönlichkeit der neueren Zeit geworden und zum Gipfel seiner Familie, die im Sohn und den beiden Enkeln rasch absank.

Leicht trug der Knabe, was der ehrgeizige Vater ihm an Wissensstoff aufpackte: die drei alten und die drei modernen Hauptsprachen, von denen das damals so wichtige Französisch ihm zur zweiten Muttersprache wurde; dazu Geschichte und Erdkunde, Naturwissenschaften, Mathematik, Religion, und so viele Kenntnisse in der Rechtswissenschaft, daß noch der Student davon zehren konnte. Das seelisch-sinnliche Sein des Kindes nährte sich im Verkehr mit der naturhaften Mutter und der ihn bewundernden Schwester; mit drei Jahren erhielt er, als letztes Geschenk der Großmutter, das Puppentheater, an dem sich seine Phantasie entwickelte. Tief bestimmte ihn der fromme, sittenreine Geist des Elternhauses; inmitten der »galanten Zeit«

hat er dem Leidenschaftlichen geholfen, Erlebnisse der Triebe in die Welt geistiger Liebe zu erheben und in Kunst zu verwandeln. Die Lutherbibel gar ist, nach Stoff und Gehalt wie sprachlich, seine wertvollste Nahrung gewesen und geblieben; ohne sie ist er nicht zu denken noch zu verstehn. – Musik- und Zeichenunterricht, Fechten, Reiten, Tanzen bildeten dann Leib und Sinne des Heranwachsenden und gaben ihm früh gesellschaftliche Sicherheit.

Die Stellung und Vermögenslage seines Elternhauses hat auch Goethes Charakter-Entwicklung begünstigt. Im Unterschied von fast allen andern geistigen Vertretern des aufsteigenden Bürgertums war er dem Lebenskampf enthoben und konnte seine Kräfte meist nach den Forderungen seines Innern einsetzen. Diese Unabhängigkeit ersparte ihm weiter jede Verletzung seines Selbstgefühls und damit das Bedürfnis nach erhöhter Geltung, wie es, dauernd oder vorübergehend, Herder, Bürger, Schiller entstellt hat; unbefangen reifte er heran, durch Geist und Empfinden in jedem Kreise der erste; und noch der Greis konnte das unter Künstlern seltene Wort sprechen:

Was ich auch für Wege geloffen,
Auf'm Neidpfad habt ihr mich nie betroffen.

Den Reichsstädter umfaßte nicht, fordernd und formend, ein starker Staat; sondern mit ahnungsvoll ehrwürdigen Symbolen und Bräuchen ergriff den Geist und das Gemüt des Knaben das tausendjährige Heilige Reich, mehr Traum und hohes Wunschbild als politische Wirklichkeit, und doch ihm teuer und wert geblieben bis in sein Alter. Aber schon hier fehlt nicht der Gegenpol: der Held des Siebenjährigen Krieges machte schon das Kind zu einem »Fritzisch Gesinnten« und gab ihm inmitten einer ruhseligen und zahmen Zeit den ersten Begriff von der Gewalt und dem geschichtlichen Recht der großen Persönlichkeit.

Den Staat und die Gesellschaft beherrschte das geistliche und weltliche Fürstentum mit seinem adligen Anhang. Der gebildete Bürger hatte nur auf untergeordnete Posten zu rechnen, vielleicht gar sein Leben in Hofmeister- oder Hauslehrerstellen auszuhalten. Als Lessing und Schiller, Genien größter Willenskraft, ihre Existenz auf freie Schriftstellerei gründeten, sind sie vom »Widerstand der stumpfen Welt« früh aufgerieben worden.

Gegen den oft skrupellosen adligen Machtmenschen des Barocks richtete sich die Gefühlswelt des empordringenden dritten Standes. Das deutsche Bürgertum, politisch, wirtschaftlich und geistig eingeengt, flüchtete sich in der pietistischen Bewegung ins Reich der Seele und erlebte in den Erschütterungen der Gewissensforschung, der Bekehrung und immer wiederholter Verzückungen den Abgrund des Ichs. Was dergestalt um 1710 bis 1730 einsames irrationales Erlebnis der lutherischen »Stillen im Lande« war, hat die folgende Generation denkend und dichtend weitergetragen; es ist die eigentümlich deutsche, zugleich weite und innige Welt »zarter Gesinnungen«, denen auch Goethe ein Bestes und Tiefstes seines vielfältigen Wesens verdankt.

Im Bunde mit dem Pietismus führte die deutsche Aufklärung einen unpolitischen, rein geistig-sittlichen Kampf gegen das erstarrte Kirchenwesen und den Absolutismus. Dem flachen Fortschritts-Optimismus dieser echt bürgerlichen Bewegung ist Goethe früh entwachsen; ihr Hochziel aber, die auf Freiheit und Verantwortlichkeit gegründete Selbstvervollkommnung des Menschen, hat er zeitlebens anerkannt und wie kein anderer zu verwirklichen gewußt; auch als Organisator der Bildung setzte er nur, freilich unvergleichlich tiefer und weiter, das Werk Christian Wolffs, Gottscheds, Lessings fort.

Adel und Bürgertum aber umschloß die einheitliche Welt des Rokokos – letzter eigengewachsener Stil einer Kultur, die genießerisch sich auflösend Leben und Künste in Spiel und Schmuck verwandelte. Auch Goethe, wie hoch immer er ihr entwachsen sollte, ist ihr Kind gewesen.

Nicht minder bestimmend als die Zeitlage ist der Geburtsort: denn so sicher Goethe, wie er in der Vorrede zu Dichtung und Wahrheit bemerkt, nur zehn Jahre früher oder später geboren, ein ganz anderer geworden wäre, so würde er auch, in Königsberg oder Berlin, Wien oder Hamburg aufgewachsen, sich unvorstellbar anders entwickelt haben. Seine Heimatstadt ist Mittelpunkt und Vorort der Franken, die wie kein anderer deutscher Stamm sich dem lateinischen Geist offen gehalten und dessen Erbe, das antike wie das romanische, immer wieder schöpferisch und formfreudig verarbeitet haben; Goethe steht ganz in diesentausend jährigen rheinischen Strebungen und Strömungen. – Die Stadt Frankfurt, damals noch mittelalterlich anmutend mit düsteren Denkmälern und farbenfrohen Aufzügen, umgab das Kind mit der heiteren Sinnlichkeit und der bilderreichen Mundart ihrer Bewohner. Die fruchtbare Landschaft schien allenthalben herein, Ahnung und Sehnsucht weckend, und die römischen Prospekte des Vaters wiesen in die Welt des Altertums.

So erlebte der Knabe im überschaubaren und greifbaren Raume der Vaterstadt Hohes und Niederes, von der Kaiserkrönung des vermorschenden Reiches bis zur Judenstadt, erlebte deutsches Bürgertum und die Art der französischen Gäste; bis der fünfzehnjährige wohlbehütete Haussohn in den verworrenen Beziehungen zum »Frankfurter Gretchen« ein erstes Mal die Mächte seines Innern erfuhr und, wie seitdem immer wieder, seelische Erschütterungen mit körperlichem Zusammenbruch zahlte: ein »übersinnlich-sinnlicher Freier« höhnt Mephisto, »geeinte Zwienatur« singen die Engel bei Fausts Himmelfahrt.

Mein Leipzig lob ich mir!
Es ist ein klein Paris, und bildet seine Leute.

LEIPZIG 1765—1768

Einen Monat nach seinem sechzehnten Geburtstag kam Goethe nach Leipzig: »als ein eingewickelter seltsamer Knabe«, sagte er selbst dreizehn Jahre später. Nach dem Willen des Vaters studierte er die Rechte, nach dem eigenen bildete er sich zum »Poeten« aus, wie ihn Dichter und Dilettanten seit Opitz darzustellen liebten.

Keinen wichtigeren Ort als »Klein-Paris« hätte er finden können, um die herrschende Kultur des deutschen Rokokos zu erleben und zu überwinden: ihre Vernunftphilosophie, ihre moralisierende Religion, ihre anakreontische Dichtung. Richtig empfand er sogleich Frankfurt als zurückgeblieben, als Provinz, und beeiferte sich, in Tracht, Benehmen und Gesinnung sich der neuen Welt anzugleichen; den Frankfurter Studiengenossen erschien er als unerträglicher Stutzer, und seine Bildungsbriefe an die Schwester sind Muster kindlicher Blasiertheit.

Bedeutende Männer sollten ihm in Leipzig nicht begegnen; er hat Gottsched noch gesehen, bei Gellert gehört. Durch Oeser, Winckelmanns Freund, gewann er eine persönliche Beziehung zu dessen klassizistischen Anschauungen; in derselben Richtung wirkte der damals erscheinende Laokoon Lessings. Anderseits vermittelte ihm ein kurzer Besuch der Dresdener Galerie die erste Bekanntschaft mit den niederländischen Malern; ihr kräftiger Wirklichkeitssinn – der äußerste Gegensatz zu Winckelmanns Evangelium – hat ihm seine eigene Freude am Charakteristischen bewußt gemacht und für lange Jahre gestärkt.

Den größten, weil stillen und dauernden Einfluß übten die selbstverständlichen Überzeugungen der Aufklärungszeit aus, die den Studenten umgaben. In schroffer und stolzer Absage an den religiösen Geist des siebzehnten Jahrhunderts ließ das achtzehnte in Religion, Philosophie, Kunst nur das Vernunftgemäße gelten; das Über- und das Untermenschliche waren in Bann getan; Leidenschaft und Abenteuer, Wunder, Ahnung und Sehnsucht überdeckte in Predigt, gelehrtem Aufsatz und Dichtung eine zahme Moral. Die Welt, noch in den Zeiten des Großen Krieges schön und schrecklich wie ein Vulkan, war zum geordneten und langweiligen Nutzgarten geworden. Aber die verleugneten Triebe entluden sich auf dem Gebiete der Kunst in lüsternen Vorstellungen und Darstellungen von Faunen und Nymphen, Hirten und Schäferinnen französischen Geschmacks; ob Gemälde oder Porzellannipps, ob Ballett oder Lyrik – überall dieselbe Scheinwelt zugleich aufgestachelter und verniedlichter Sinnlichkeit.

Der frühreife Student lernte rasch die Handgriffe dieser Lebensführung und Dichtung; er erlebte eine Liebelei (mit Anna Katharina Schönkopf), die ihm aber unversehens zur Liebe ward und wieder jene inneren Mächte weckte, die er vor dem Frankfurter Gretchen kennengelernt. Nach Eifersuchtsqualen einer »siedenden Leidenschaft« bekam Goethe einen Blutsturz; »gleichsam als ein Schiffbrüchiger« kehrte er heim.

So hatte er schon mit dem Einsatz des Lebens die Nichtigkeit der herrschenden Kunst- und Lebensauffassung dargetan; er tat es gleichzeitig mit seiner Dichtung: zwei Dramen und einigen Dutzend Liedern, die ein Spiegel seiner damaligen Entwicklung sind. Zuerst, im Buch Annette und in dem Schäferspiel Die Laune des Verliebten das ganze lüsterne Rokoko: Witz statt wahren Gefühls; aber in den Oden an den Freund Behrisch meldet sich schon Überdruß an dieser Welt, und die Neuen Gedichte enthüllen die Torheit des modischen Liebesgenusses (»Was hilft es mir, daß ich genieße? Wie Träume flieh'n die wärmsten Küsse Und alle Freude wie ein Kuß«) und des zergliedernden Selbstgenusses (Die Libelle: »So geht es dir Zergliedrer deiner Freuden«). Im selben Maße wird die Natur wichtiger, welche die Gesellschaftsdichtung zur Kulisse galanter Erlebnisse erniedrigt hatte; Goethes erstes Mondlied ertönt: »Schwester von dem ersten Lichte«. Vollendet wird die Kritik des sterbenden Rokokos mit dem in Frankfurt fertig gedichteten bittern Lustspiel Die Mitschuldigen: wenn Kavalier und Dieb, Wirt und Schöne sich als »Mitschuldige« zuletzt die Hände reichen müssen, so ist die Fäulnis hinter der glänzenden Außenseite mit überlegener Ironie bloßgelegt. – Dieses Drama des Zwanzigjährigen erschreckt durch die klare Kälte des Blicks: gleichsam ein Epilog Mephistos zum Leipziger Liebesspiel. Es ist wie in Goethes Briefen an Behrisch: neben der Glut, ja Raserei der Leidenschaft eine harte Bewußtheit, die erst den ganzen Goethe ausmacht, ja die es ihm überhaupt nur ermöglicht hat, die Siedehitze seines Gefühlslebens zu überstehn.

Goethes Gedichte sind, wie alle Gedichte der Zeit, Lieder, für den Hausgesang bestimmt, vorhandenen Melodien untergelegt oder – wie Goethe es damals tat – einem Komponisten zur Vertonung übergeben. Er ist dieser Liederlyrik immer treu geblieben, unübertroffener Meister einfachen und melodischen Ausdrucks.

Dies ganze poetische Werk des Studiosus iuris, das in die viereinhalb Jahre zwischen seiner ersten und seiner zweiten Ausfahrt aus Frankfurt fällt, ist sozusagen vorgoethischer Goethe: das meiste ist damals ungedruckt geblieben und hat eine geschichtliche Wirkung nicht tun können. Die Bedeutsamkeit dieser gleichsam privaten Äußerungen kann dennoch nicht hoch genug geschätzt werden: ganz für sich allein hat der blutjunge Mensch sich mit den ungreifbaren Einflüssen der Zeit auseinandergesetzt, und in der erkämpften Unabhängigkeit kündigt sich schon der künftige Herrscher an.

Den entscheidenden Schritt hat er damit getan, daß er die seit der Renaissance übliche Abwandlung überkommener Motive aufgab und den Zusammenhang der Dichtung mit dem Erlebnis wieder herstellte. Für den engen Bezirk weniger hoher und heiliger Gedanken hatte das neuerdings ja schon Klopstock geleistet; Goethe war es vorbehalten, den ganzen Bereich menschlicher Empfindungen der Poesie wieder zu gewinnen. Diesen Durchbruch, dessen Bedeutung ihm damals schwerlich schon bewußt gewesen ist, hat er in Dichtung und Wahrheit mit den berühmten Worten bezeichnet: »Und so begann diejenige Richtung, von der ich mein ganzes Leben über nicht abweichen konnte, nämlich dasjenige, was mich erfreute oder quälte oder sonst beschäftigte, in ein Bild, ein Gedicht zu verwandeln und darüber mit mir selbst abzuschließen, um sowohl meine Begriffe von den äußeren Dingen zu berichtigen, als mich im Innern deshalb zu beruhigen. Die Gabe hierzu war wohl niemand nötiger als mir, den seine Natur immerfort aus einem Extreme in das andre warf. Alles, was daher von mir bekannt geworden, sind nur Bruchstücke einer großen Konfession.«

Ein zärtlich jugendlicher Kummer
Führt mich ins öde Feld...

FRANKFURT 1768—1770

Über anderthalb Jahre vergingen, bis Goethe imstande war, seine Studien wieder aufzunehmen; es ist der uns unbekannteste Zeitraum seines Lebens, ein gleichwohl fruchtbares Dunkel. Die tuberkulöse Erkrankung wurde nur langsam überwunden; sie hat sich übrigens noch in den schweren Anfällen der Jahre 1823 und 1830 wieder geltend gemacht. »Am Körper alt, und jung an Jahren« fühlte sich der mühsam Genesende, der reizbar und weichmütig Erinnerungen nachhing. Er konnte noch nicht von der Leipziger Liebe loskommen; bis zum Januar 1770 hat er »Käthgen«, die sich inzwischen verheiratet hatte, geschrieben. Der Dichter der Mitschuldigen sah sich in einem unerquicklichen Zustand der Verneinung und Ratlosigkeit; zudem verschlechterte sich sein Verhältnis zum Vater. Aber seine lebenbejahende Natur suchte nach Hilfe. Schon in der Leipziger Krankheitszeit hatte er Zugang zu der Denk- und Fühlweise der Herrnhuter gefunden; in Frankfurt vermittelte eine Freundin seiner Mutter, Susanne von Klettenberg, seine nähere Verbindung mit der Brüdergemeinde, und seine trostbedürftige Seele tat sich in diesen Gefilden um. Eine Erweckung hat er nicht erlebt, aber jene Erwärmung und Vertiefung, die das deutsche

Seelenleben allgemein dem Pietismus verdankt; es ist, als ob hartes Tageslicht in Dämmer übergehe. Da schreibt er: »Wenn ich Liebe sage, so versteh ich die wiegende Empfindung, in der unser Herz schwimmt«; oder: »Sobald unser Herz weich ist, ist es schwach. Wenn es so ganz warm an seine Brust schlägt, und die Kehle wie zugeschnürt ist, und man Tränen aus den Augen zu drücken sucht, und in einer unbegreiflichen Wonne dasitzt, wenn sie fließen, o, dann sind wir so schwach, daß uns Blumenketten fesseln.« Hier sind Ganymed und Werther vorgefühlt, Sommer 1770!

Durch Pietismus und deutsche Mystik aber stieß Goethe zum Ursprung durch, dem Neuplatonismus – ein entscheidendes Erlebnis, das sein Weltbild für immer bestimmt hat. Seinen damals geschaffenen Mythos von der Weltentstehung hat späteres Denken nur reicher und tiefer ausgestaltet; bis in den Schluß des Zweiten Faust wirken die Auffassungen fort von der stufenweise bis zur Materie hinab ausstrahlenden Gottheit, von der Vielzahl göttlicher und widergöttlicher Mittelwesen und von der Doppelstellung des Menschen, der in tragischem Rhythmus sich gegen Gott öffnen und schließen, entselbstigen und verselbsten muß. – In Frankfurt hat Goethe jene Gottheit zu erstürmen versucht durch magische Einwirkung – das ist dann in die Gestalt Fausts und in den ersten Faustmonolog eingegangen.

So liegen diese anderthalb Jahre als schöpferische Pause zwischen dem allzu hellen Knabenwerk des Leipziger Goethe und der Erweckung des Jünglings in Straßburg.

Wir müssen nichts sein,
sondern alles werden wollen.

STRASSBURG 1770—1771

Straßburg wirkte in dem sehnsüchtig-trächtigen Wesen des jungen Menschen das Wunder des Frühlings. Nur drei Semester hat Goethe hier zugebracht, aber hier ist er zu sich gekommen und zum Bewußtsein seines Ranges. Aus der Fülle seines Erlebens, in dem, wie immer bei ihm, Geist, Leib, Seele in ständiger Vermischung und Vermählung standen, einige Hauptthemen.

Von den Verdiensten,
die wir zu schätzen wissen,
haben wir den Keim in uns.

Herder

Ende März 1770 brach Goethe nach Straßburg auf; Ende August 1771 kehrte er als Lizentiat der Rechte zurück. In dieser Zeit hat er über ein halbes Jahr lang den vertrauten Umgang Herders genossen. Es gibt wenig Ereignisse unserer Geistesgeschichte, die so bedeutend sind, ja so sehr höhere Fügung zu verraten scheinen, wie das Zusammentreffen dieser jungen Männer in diesem Augenblick.

Schon die äußeren Umstände ihrer Verbindung sind denkwürdig genug. Dem sechsundzwanzigjährigen Domprediger von Riga verleideten literarische Händel und ehrsüchtige Unrast seine zukunftreiche Wirksamkeit; er ließ Amt und Sicherheit und gelangte in vierwöchiger Seefahrt, deren Tagebuch seine faustische Seele spiegelt, nach Frankreich. Seiner beschränkten Mittel wegen wollte er dann als Reisebegleiter eines deutschen Prinzen nach Italien gehn; da nötigte ihn ein Augenleiden, einen Straßburger Chirurgen aufzusuchen; die Operation mißlang, und fernere ärztliche Versuche hielten ihn weit über Wunsch und Vorsatz in Straßburg fest.

Unter solchen Umständen traf der Mann des äußersten deutschen Nordostens in Deutschlands Südwest-Ecke den Jüngling, der seiner am stärksten bedurfte, der ihn am reichsten nutzen sollte; traf der früh berühmte Gelehrte den unbekannten, ihn unerheblich und überheblich dünkenden Studenten; traf der genialste Anreger und Nachempfinder unseres Schrifttums, dem aber gestalterische Kraft versagt war, den größten Bildner- und Schöpfergeist seines Volkes und löste ihm die Flügel. Er tat es widerwillig und quälend, denn er hatte der Liebe nicht, die ihn sein Mittlertum gegenüber dem Jüngeren hätte als Gnade empfinden lassen.

Bis auf Herder herrscht in der Theorie der Künste die Norm und in der Praxis die Nachahmung. Seit der Renaissance gelten die Werke der Alten, zunächst der Römer, als Muster; aus ihnen haben, nach dem Vorgang der Italiener, Holländer und Franzosen, deutsche »Kunstrichter« von Opitz (1624) bis Gottsched (1730) Regeln abgeleitet: man mußte schon »Gelehrter« sein, um »Poet« werden zu können. Auch Lessing bleibt in solcher Verehrung der Regeln befangen, wenn er den Einfluß der französischen Klassiker durch denjenigen Shakespeares ersetzen will, nicht minder Winckelmann, als er das neue

Ideal eines – freilich rokokohaften – Griechentums aufrichtet.

Diese alten und neuen Mauern wirft Herder um durch den Gedanken (seines Lehrers Hamann), daß Kunst, insbesondere Dichtung, nicht dem Verstande, sondern dem Gefühl entstamme. Nicht Gelehrsamkeit also, sondern »Empfindung«, nicht Helligkeit, sondern Dunkel, nicht »Witz«, sondern Wärme! Die besitzt aber der einfache Mensch, das Naturvolk, eine »rohe« Zeit, »wo man träumt, weil man nicht weiß, glaubt, weil man nicht sieht, wo man mit der ganzen unzerteilten und ungebildeten Seele wirkt.« So ist »Poesie die Muttersprache des menschlichen Geschlechts«. Starkes Gefühl aber greift nach dem nächsten Ausdruck, dem sinnlich deutlichsten Bild; es springt von Gipfel zu Gipfel, ohne sich um den Zusammenhang der Gedanken zu sorgen; es spricht, statt von den Nichtigkeiten überzüchteten Kulturlebens, von den einfachen und ewigen Tatsachen der Natur: von Kampf, Liebe, Tod.

Es war der Entwurf eines neuen Weltbildes, zunächst im literarischen, dann im allgemeinen Bereich des Geistigen und Religiösen; eines Weltbildes, das später grade Goethe am weitesten ausgestalten sollte. Jetzt erst erschien die urtümliche Schönheit der hebräischen Poesie, oder, anders ausgedrückt, jetzt erst wurde das bisher religiös oder gar dogmatisch gesehene Alte Testament ästhetisch erlebt und in den Zusammenhang morgenländischen Lebens und Fühlens gerückt. Ebenso deutete Herder die so verschiedenen Gewächse der Griechischen und der Shakespeareschen Tragödie aus dem so verschiedenen

Boden und Zeitklima, denen sie entstammen. Und neben diese und andere Werke der hohen Gattungen setzte er das »Volkslied« aller Zeiten und Völker: nordische, altdeutsche, slawische und südländische Balladen und Lieder stellte er zu Rätseln der Eskimos, Zaubersprüchen der Peruaner und wiederum zu Oden der Sappho und Kanzonen Shakespeares: als Kunstwerke gleichen Wertes beglaubigt und vereint sie alle ihre Wahrheit, Einfalt, Sinnlichkeit und wilde Kraft. Eben diese Eigenschaften, die in der französischen Überkultur verachteten, galt es nun wieder zu beleben; dann würde die Gegenwart genau so klar sich selbst aussprechen, wie das frühere Zeiten getan haben. Keine Nachahmung also alter Werke, sondern Schöpfung neuer, nur heute möglicher! Denn Gott – und damit wurde Herders Ästhetik zu einer Metaphysik – Gott ruht nicht, er schafft unaufhörlich Neues, indem er die Fülle seines Wesens, das e i n e Zeit nicht fassen könnte, nacheinander in die Geschichte ausschüttet.

Diese Gedanken Herders haben unser Geistesleben nun schon über anderthalb Jahrhunderte aufs tiefste befruchtet: wie mußten sie mit dem Zauber der Ahnung, mit der Gewalt persönlicher Gegenwart in Goethes Seele wirken! Seine Briefe an Herder, seine Rede „Zum Schäkespear-Tag“ verraten etwas von dieser mächtigsten Revolution seiner Jugend. S e i n Werk ist es dann geworden, das „gotisch-große“, musikalisch-tönende, schöpfungsträchtige Chaos des Erweckers zu wandeln in greifbare klare Gebilde, Prophetie zu verwirklichen in Wissenschaft und Kunst.

Hie steht sein Werk, tretet hin, und erkennt das tiefste Gefühl von Wahrheit und Schönheit der Verhältnisse aus starker rauher deutscher Seele.

Das Münster

Aber es ist nun für Goethe bezeichnend, daß er sich Herder, so viel er um ihn warb und von ihm nahm, nicht ganz hingab, daß er vielmehr Erlebnisse der Sinne und der Seele hatte, ebenso gewichtige, die ihm allein gehörten. Eines davon war das Münster. Fünf Monate lang ist er schon vor Herders Ankunft mit dem »Wunderwerk« umgegangen, dessen erster Anblick den in der herkömmlichen Verachtung des »gotischen«, das heißt barbarischen Stils Aufgewachsenen sogleich packte. Immer wieder suchte er sich genießend und denkend des Bauwerks zu bemächtigen, mit dem Erfolg, daß er den ursprünglichen, nicht ausgeführten Plan intuitiv erkannte. Als Frucht dieser Bemühungen entstand die kleine Schrift Von deutscher Baukunst, in der er den gotischen Baustil für Deutschland in Anspruch nahm und »gotisch« durch »deutsch« ersetzt wissen wollte. Der Vorschlag hat sich nicht durchsetzen können, da ihm der französische Ursprung der Gotik widerspricht; aber er zeigt, wie Goethe in Straßburg zum bewußten Deutschen wurde und sich vom französischen Wesen abwandte. Es geschah auf der ganzen Breite des Lebens: er achtete darauf, deutsch zu sprechen und sich deutsch zu tragen; er sammelte, auf Herders Anregung, deutsche Volkslieder »aus denen Kehlen der ältesten Mütterchens« und setzte sie mit den Dramen Shakespeares, der ihm damals erst aufging, und mit den Gesängen Ossians als Zeugnisse nordisch-germanischen Geistes der greisenhaft anmutenden französischen Literatur entgegen. Zugleich versenkte er sich in die Geschichte des Elsasses; er las Chroniken und lebte sich so in die »tüchtige« Welt unserer Altvordern ein, daß er, als er in Frankfurt die Lebensbeschreibung des Götz kennenlernte, dichterisch sogleich aus dem Vollen schöpfen konnte.

Nie ist Goethe so rückhaltlos »deutsch« gewesen wie in Straßburg; aber auch damals blieb die ihm durch Oeser nahegebrachte antike Welt wirksam, ja sie versinnlichte sich ihm durch drei wichtige Erlebnisse. In Straßburg erhielt er Gelegenheit, die Raffaelischen Teppiche wiederholt zu betrachten, in denen das »klassische« Kunstgefühl zu so bedeutendem Ausdruck gekommen ist; in Niederbronn sah er Ruinen römischer Bäder mit »Resten von Basreliefs und Inschriften, Säulen-Knäufen und -Schäften«, – den Eindruck hat er bald in der Dichtung Der Wandrer gestaltet –; und im Antikensaal zu Mannheim erblickte er zum ersten Male (Gips-)Nachbildungen von Hauptwerken der griechisch-römischen Plastik.

Wie herrlich leuchtet
Mir die Natur.

Das Elsaß

Hatte Goethe vor dem musikalischen und literarischen Menschen Herder das Augenerlebnis des Münsters voraus, so erlebte er mit allen Sinnen das Elsaß. Eine entscheidende Wendung auch dies:

Goethe war bis dahin Städter gewesen, in Frankfurt, erst recht im modernen Leipzig. Jetzt erst erfuhr er die Landschaft – mit Farben, Formen, dem Unfaßbaren der Atmosphäre. Er erlebte seinen Körper als einen Teil des Universums, abhängig und aufgehoben von allem um ihn her. Es war eine unverlierbare Erfahrung, die ihn erst ganz der Kulissenwelt des Rokokos enthob wie einen neuen Ganymed. Denn dieses sinnliche Erlebnis ist ihm zugleich ein religiöses Grunderlebnis geworden, das fortan sein Bewußtsein und seine Stellung im Kosmos bestimmt hat. Der Gott der Philosophen, der Kirchenchristen, der Pietisten – sie alle schwanden ihm vor der webenden Gottheit des Alls, als deren Sohn er sich von nun an empfand. Was zuerst ein Erlebnis der Sinne und des trunkenen Gefühls war, hat Goethe später zu klären versucht mit Anschauungen Spinozas und Shaftesburys, bis dann die Naturwissenschaft ihm den nächsten Zugang eröffnete zum Reich »unsers Vaters des ungreiflichen aber des berührlichen«. Um es mit Worten des späten Gedichtes »Eins und Alles« zu sagen: nicht nur hat er sich — als Fühlender — von der »Weltseele« durchdringen lassen, sondern immer entschiedener sich bestrebt, als Denkender und Forschender »mit dem Weltgeist selbst zu ringen«.

In den Straßburger Tagen durchstreifte er »das herrliche Elsaß« wandernd, fahrend und reitend, allein und mit Genossen, nach allen Seiten und zu allen Zeiten. Seine Eindrücke sind so stark gewesen, daß sie noch nach vier Jahrzehnten in Dichtung und Wahrheit voll erklingen und dieses Grenzland uns zur Seelenlandschaft gemacht haben.

Doch ihn hält kein Schattental,
Keine Blumen,
Die ihm seine Knie umschlingen,
Ihm mit Liebesaugen schmeicheln.

Friederike Brion

Und um diese Erlebnisse alle zu verschmelzen, kam wieder eine Liebe in Goethes Herz: anders als der Gelehrte erlebte er jeweils eine neue Geistesstufe am tiefsten durch neue menschliche Beziehungen und Entscheidungen. Das Frankfurter Gretchen entsprach dem Zustand des reifenden Knaben, Kätchen war die kleine Göttin seines Rokokotempels; in der Pfarrerstochter von Sesenheim verkörperte sich ihm am lieblichsten, was Herders Gedanken über Einfalt des Gefühls, was Shakespeares Frauengestalten, was das Erlebnis der »Deutschheit« und der Elsässer Landschaft damals in ihm aufwühlten. Ende Oktober 1770, nach Herders Weggang, lernte er Friederike kennen; im August des folgenden Jahres ist das tragische Idyll zu Ende. Seine wundersam steigernde Darstellung in Dichtung und Wahrheit gehört zu den ergreifendsten Novellen Goethes; in Wirklichkeit hat diese Studentenliebe anders ausgesehen: teils ängstlicher, teils alltäglicher; aber wer könnte und möchte den Goldglanz entfernen, den Goethe jedem Menschen und jedem Ort mitteilt, dem er nahe tritt? Was ihn betrifft, so hat er, kaum der Schwindsucht entkommen, sich damals jene Angina zugezogen, die ihn in der Folgezeit immer wieder heimsuchen sollte und deren erster Anfall ihn, wie seine Sesenheimer Briefe zeigen, bedrückte und peinigte. Friederike ihrerseits war »brustkrank«; sie hatte »kaum ein Buch gelesen« und wurzelte so völlig in ihren ländlichen Zuständen, daß sie schon in Straßburg auf einem ihr nicht gemäßen Boden erschien –: diese wenigen Andeutungen Goethes machen seinen Entschluß begreiflich, das Naturkind nicht in den Flug seines Genius zu reißen.

Es ist der erste entscheidende Entschluß seines Lebens gewesen, einem Glück zu entsagen, dessen Wert er voll empfand. Im Juni schreibt er aus Sesenheim einem Straßburger Vertrauten: »Nun wär es wohl bald Zeit, daß ich käme, ich will auch, und will auch, aber was will das Wollen gegen die Gesichter um mich herum. Der Zustand meines Herzens ist sonderbar, und meine Gesundheit schwankt wie gewöhnlich durch die Welt, die so schön ist als ich sie lang nicht gesehen habe. Die angenehmste Gegend, Leute, die mich lieben, ein Zirkel von Freuden! Sind nicht die Träume deiner Kindheit alle erfüllt? frag ich manchmal, wenn sich mein Aug in diesem Horizont von Glückseligkeit herumweidet; sind das nicht die Feengärten, nach denen du dich sehntest? – Sie sinds! sie sinds! Ich fühl es, lieber Freund, und fühle, daß man um kein Haar glücklicher ist, wenn man erlangt, was man wünschte. Die Zugabe! die Zugabe!, die uns das Schicksal zu jeder Glückseligkeit dreinwiegt!« – Ehren wir die Sicherheit des Instinkts und die Kraft des Willens, die über menschliches Glück die dunkle Bestimmung des Geistes stellen und durch schmerzliche und peinliche Wochen hin das Notwendige tun. Seine Schuld hat er sich dabei nicht wegräsonniert, eher übertrieben; er erlebte hier zum ersten Male reine Tragik – einen

Fall schuldloser Schuld und Pein, an dem ihm ein Grundzug des Lebens selber aufging.

In Goethes dichterische Beichte ist Friederike in zwei Gestalten eingegangen: als die verlassene und doch verzeihende Schwester des Götz und als die schwindsüchtige Marie Beaumarchais, während er sich selbst im Bilde des weichlichen Weislingen und des Halbgenies Clavigo gerichtet hat. Das Heidenröslein und die Balladen vom Untreuen Knaben und vom König in Thule spiegeln dasselbe Erlebnis wider.

Die du mir Jugend
Und Freud und Mut
Zu neuen Liedern
Und Tänzen gibst ...

Lyrik

Die erste Frucht dieser so tief und lange wirkenden Erfahrungen sind die Sesenheimer Lieder: sie zeigen auf engstem Raum die mächtige Entwicklung, die Goethe in der Straßburger Zeit durchmacht.

Kleine Blumen, kleine Blätter hat man das schönste Lied des deutschen Rokokos genannt; alle herkömmlichen Züge der Anakreontik treten auf: das Rosenband, die tändelnden Frühlingsgötter, der Zephir, das Mädchen vorm Spiegel – freilich nur, um dieser Welt pflichtloser Liebelei um so entschiedener abzusagen. Hatte eins der Leipziger Lieder noch leichtfertig geschlossen: »Es küßt sich so süße die Lippe der Zweiten Wie kaum sich die Lippe der Ersten geküßt«, – jetzt klingt es wie Schwur und

Beschwörung: »Und das Band, das uns verbindet, Sei kein schwaches Rosenband!« Denn diese neue Liebe ist, im Sinne Herders und des Volksliedes, ein Urgefühl, stark wie die Natur: »Es schlug mein Herz; geschwind zu Pferde! Und fort, wild wie ein Held zur Schlacht!« – »In meinen Adern welches Feuer, In meinem Herzen welche Glut!« tönt es in Willkommen und Abschied. Das Mailied zeigt Natur und Mensch als eines, zeigt das menschliche Liebesgefühl als Teil des kosmischen Schöpfungsdranges:

»O Lieb, o Liebe, So golden schön
Wie Morgenwolken Auf jenen Höh'n,
Du segnest herrlich Das frische Feld,
Im Blütendampfe Die volle Welt.«

Aber als kosmische Macht hat Liebe auch das Zerstörerische der Natur; dies Zusammen von Glück und Leid, Erfüllung und Vernichtung, Lust und Tod bannt das Heidenröslein in ein Sinnbild von solcher Klarheit und Einfalt, daß das Volk dieses ganz persönliche Zeugnis wieder ans Herz genommen hat.

Ein freundliches Geschick hat uns ein Bild des Straßburger Goethe aufbewahrt in der Lebensbeschreibung Jung-Stillings, der als Medizinstudent ihn in einem Kosthaus kennen lernte: »Besonders kam einer mit großen hellen Augen, prachtvoller Stirn und schönem Wuchs mutig ins Zimmer.« Der schüchterne Pietist hielt ihn zuerst »für einen wilden Kameraden«, erlebte aber gleich am ersten Mittag, daß Goethe ihn gegen eine alberne Hänselei kräftig in Schutz nahm, und gewann ihn darüber, trotz der geistigen und seelischen Verschiedenheit, zum Freund und »Bruder«.

> Du hast getollt zu deiner Zeit mit wilden
> Dämonisch genialen jungen Scharen.

FRANKFURT 1771—1775

Das Leben

Goethes dritter und letzter Aufenthalt in seiner Vaterstadt, von Ende August 1771 bis Ende Oktober 1775, wurde durch drei kürzere Abwesenheiten unterbrochen: Mai bis September 1772 war er am Reichskammergericht zu Wetzlar tätig; in den Juni und Juli 1774 fielen zwei Reisen ins Lahn-, Wupper- und Niederrheintal; Mai bis Juli 1775 war er in der Schweiz. –

Während dieser ganzen Zeit führte Goethe die Doppelexistenz einerseits eines beschäftigten Rechtsanwalts, begehrten Gesellschafters, werbenden und umworbenen Liebhabers, anderseits des in all solchen Beziehungen die Welt erlebenden und sich selbst suchenden Genius, bis schließlich die Spannungen zu groß wurden und er Vaterhaus und Vaterstadt für immer verließ.

Denn kaum aus Straßburg heimgekehrt, wurde der junge Dr. iuris in die Liste der Frankfurter Rechtsanwälte aufgenommen und von wohlmeinenden Verwandten und Freunden mit Prozessen und Heiratsplänen bedacht – für den Enkel des Stadtschultheißen glänzende Aussichten bürgerlichen

Fortkommens bis zu einer führenden Stellung in der freien Reichsstadt; für den »reinen Dämon« in ihm, der eben im Verkehr mit Herder und in Sesenheim seine ersten Prüfungen bestanden, ein Anlaß zunehmender Beunruhigung. Welche Lebensmöglichkeiten gab es aber außerhalb des ihm vom Vater und, so schien es, vom Schicksal vorgezeichneten Weges? In dieser Not fand er die Lebensbeschreibung des fränkischen Ritters Götz von Berlichingen (1480 bis 1562) und in ihr Bilder eines unabhängigen, frischen, tatenvollen Lebens; eines Lebens, wo Haupt, Herz und Hand im Gleichgewicht und in natürlicher Einheit stehn, frei von jedem äußeren Zwang. Nach solchem Wirken der eigenen Kräfte aber langte und bangte er jetzt, und so machte er in jähem Schaffensrausch den recht ungenialen Rittersmann aus alter deutscher Zeit zum Sinnbild seiner Nöte. Das in wenigen Wochen des ausgehenden Jahres 1771 hingehauene »Skizzo«, die »Geschichte Gottfriedens mit der eisernen Hand dramatisiert« (der sogenannte Urgötz), machte ihn seiner Begabung sicher; seine äußere Lage änderte sich freilich weder durch diese noch durch andere literarische Arbeiten, wie die Besprechungen in den Frankfurter Gelehrten Anzeigen, mit denen er, ein dithyrambischer Kritiker, unter die Wortführer des Sturm und Drangs rückte. Das Drama, auf Herders Rat gründlich und glücklich umgearbeitet, erschien erst im Herbst 1773; von da an galt Goethe als das stärkste Talent der jungen Generation. Seine innere Sicherheit wuchs; schreibt er im Winter 1771, während der Arbeit am Urgötz, noch ingrimmig-ratlos: »Frankfurt bleibt ein Nest...

wohl um Vögel auszubrüteln, sonst auch figürlich spelunca ein leidig Loch. Gott helf aus diesem Elend. Amen!«, so heißt es schon ein Jahr später: »Ich lasse meinen Vater jetzt ganz gewähren, der mich täglich mehr in Stadt-Civil-Verhältnisse einzuspinnen sucht, und ich laß es geschehen, solang meine Kraft noch in mir ist! Ein Riß! und all die siebenfachen Bastseile sind entzwei.«

Inzwischen hatte er, im Sommer 1772, in Wetzlar jenes neue Liebeserlebnis, das eine Grundlage des Werther werden sollte. Am 9. Juni lernt er, wie Werther, die Amtmannstochter Charlotte Buff auf einem ländlichen Ball kennen, bald darauf ihren wackern Bräutigam Kestner; wie Werther reißt er sich am 11. September aus einem Traum von Freundschaft und Liebe: »Er ist fort, Kestner, er ist fort . . . Ich war sehr gefaßt, aber euer Gespräch hat mich auseinandergerissen. Ich kann Ihnen in dem Augenblick nichts sagen als Lebewohl. Wär ich einen Augenblick länger bei euch geblieben, ich hätte nicht gehalten. Nun bin ich allein, und morgen geh ich. O mein armer Kopf. – – Ich bin nun allein, und darf weinen, ich lasse euch glücklich, und geh nicht aus euern Herzen. Und sehe euch wieder, aber nicht morgen ist nimmer. Sagen Sie meinen Buben er ist fort. Ich mag nicht weiter.« –

So erlebte er, möchte man sagen, den ersten Teil von Werthers Leiden; aber schon auf der Rückfahrt zeigte er sich anders als der spätere Romanheld: in Oberlahnstein verliebte er sich in die blutjunge »Max« La Roche; es war ein Zustand von Doppelleidenschaft, dem er sich zu seiner Selbst-Rettung öfter ausgesetzt hat. Vier Wochen später kam die fälschliche Nachricht vom Selbstmord eines Wetzlarer Bekannten, und Goethe schrieb an Kestner die immerhin verräterischen Worte: ». . . ich hoffe, nie meinen Freunden mit einer solchen Nachricht beschwerlich zu werden.« Drei Wochen danach aber, Ende Oktober, erschoß sich in Wetzlar der junge Jerusalem, ein entfernter Bekannter Goethes noch von Leipzig her, aus Liebesgram und verletztem Ehrgefühl. Goethe, seltsam erschüttert, verlangte von Kestner einen ausführlichen Bericht, reiste sogar in der folgenden Woche nach Wetzlar, um Genaueres über die Gründe und die Ausführung der Tat zu erkunden. Im April 1773 heirateten Kestners und verzogen nach Hannover; aber der rege Briefwechsel ging weiter, Goethe belebte immer wieder seine Wetzlarer Erinnerungen wie in einem geheimen Instinkt; oder arbeitete er damals schon an einem Roman oder Drama über diese Erlebnisse? So gingen volle anderthalb Jahre seit Goethes Wetzlarer Aufenthalt dahin, Jahre mächtigster Entwicklung, die unbewußt Goethes Stellung zu jenem Erlebnis verschieben mußten. Da heiratete, Anfang 1774, die »Max« nach Frankfurt; auf Bitten ihrer Mutter sollte Goethe der jungen Frau die Eingewöhnung in die fremden Verhältnisse erleichtern, geriet aber dabei mit ihrem ältlichen, unliebenswürdigen Mann, Peter Brentano, aneinander. Das Erlebnis muß ihm die Wetzlarer Tage zugleich belebt und fremd gemacht haben: in vier Wochen entstand der Roman, zu dessen zweitem Teil die empfindsame Max und ihr mißtrauischer Gatte wichtige Züge beigesteuert haben.

Der Werther, Herbst 1774 erscheinend, schuf ihm europäischen Ruhm; Berufene und Unberufene drängten sich an ihn, Nachrichten über ihn und ein sich ausbreitender Briefwechsel geben ein immer deutlicheres Licht. Da schreibt – im Sommer 1774 – der Dichter Heinse: »Goethe war bei uns, ein schöner Junge von fünfundzwanzig Jahren, der vom Wirbel bis zur Zehe Genie und Kraft und Stärke ist, ein Herz voll Gefühl, ein Geist voll Feuer mit Adlerflügeln . . . Ich kenne keinen Menschen, der in solcher Jugend so rund und voll von eigenem Genie gewesen wäre wie er. Da ist kein Widerstand, er reißt alles mit sich fort.« Der Anakreontiker Georg Jacobi, den Goethe zuvor »in öffentlichen Blättern empfindlich beleidigt« hatte, notiert in sein Tagebuch: »Ich sah einen der außerordentlichsten Männer, voll hohen Genies, glühender Einbildungskraft, tiefer Empfindung, rascher Laune, dessen starker, dann und wann riesenmäßiger Geist einen ganz eigenen Gang nimmt. Seine Tafelreden hätte ich aufzuzeichnen gewünscht.« Zusammen mit diesen beiden erlebte Fritz Jacobi, Georgs älterer Bruder, Goethe, dessen Laune sich auch an ihm literarisch gerieben hatte. Beim ersten Anblick glühte jetzt zwischen beiden eine Freundschaft, ja Liebe auf, welche die Verschiedenheit ihrer Naturen und Mißhelligkeiten vieler Jahrzehnte überdauern sollte. Da war die Mittagstunde auf Schloß Bensberg (»Ich glaube, daß die Götter dann und wann auf einer silbernen Wolke so ihren Nektar trinken und die Hälfte der Erde übersehen«, schreibt Georg), wo Goethe in einer Laube sein Herz öffnete im Gespräch über

Spinozas Gott-Natur, das heißt über sein eigenes Gott-Erlebnis; der Nachmittag in Köln, wo das Familienbild der Jabachs inmitten ihres unverrückt gebliebenen Hausrats Goethe aufregte, die Geister der längst Verschollenen zu beschwören; der Abend im Gasthof, als »Goethe uns in der Dämmerung altschottische Balladen voll wahren Gefühls der Natur mit Geistererscheinungen vermischt in einem unübertrefflichen Tone dergestalt hersagte, daß wir bei der letzten (Es war ein Buhle frech genung) ohne falsche Nebenempfindung der Kunst so wahrhaftig zusammen fuhren, so im Ernste bange wurden als ehemals in unsern Kinderjahren« (Georg). Fritz erinnert achtunddreißig Jahre später Goethe noch an diese Zeit: »-- welche Stunden! welche Tage! um Mitternacht suchtest du mich noch im Dunkel auf – mir wurde eine neue Seele. Von dem Augenblick an konnte ich dich nicht mehr lassen.«

In solchen Brief- und Tagebuchstellen wird vielleicht am deutlichsten der »junge Goethe« sichtbar, der schwärmende und umschwärmte Jüngling mit dem Zauber des Genius. Wir sind geneigt, diesen »Hochbegnadigten der Götter« auch für einen Günstling des Glücks zu halten. Gewiß sind die Augenblicke künstlerischer Empfängnis und Schöpfung mit keinem andern irdischen Glück zu vergleichen, und sich von ungezählten Menschen bewundert, geliebt, verehrt zu wissen – wie mußte es dem Selbstgefühl des Fünfundzwanzigjährigen schmeicheln!

Die dunkle Kehrseite blieb schärferen Beobachtern schon damals nicht verborgen. Der Hauptmann von Knebel schreibt 1774: »Goethe lebt in einem beständigen Krieg und Aufruhr, da alle Gegenstände aufs heftigste auf ihn wirken. Daher kommen die Ausfälle seines Geistes, der Mutwille, der gewiß nicht aus bösem Herzen, sondern aus Üppigkeit seines Genies fließt. Es ist ein Bedürfnis seines Geistes, sich Feinde zu machen, mit denen er streiten kann. Der Bube ist kampflustig, er hat den Geist eines Athleten. . . . So viel von Goethe, aber lange noch das Geringste. Die ernsthafte Seite seines Geistes ist sehr ehrwürdig.« Die Zeilen sollten Goethe den Weg nach Weimar ebnen, wo seine Posse gegen Wieland verstimmt hatte; daher der launige Ton, der doch ins Schwarze trifft: die Heftigkeit von Goethes Gefühlsleben. »Meine Leidenschaften waren nie weit vom Wahnsinn«, konnte er mit Werther sagen; aber anders als dieser spielte er seine Empfindungen gegeneinander aus und suchte die solcherweise gleichsam Gelähmten durch Vernunft und Willen zu beherrschen. Knebel sieht auch richtig den Übermut und das Kraftgefühl eines Geistes, der sich jedem Lebenden überlegen wußte. Der tiefste Grund seiner Unrast, ja der nicht seltenen Angst- und Verzweiflungszustände liegt aber in dem Mißverhältnis dieses Genius zur damaligen deutschen Welt. In Goethe war ein Mensch erschienen, dessen Kraft nach den größten Aufgaben verlangte – und was erlaubte ihm sein Zeitalter mehr, als Advokat einer mittleren Stadt und Dichter zu sein? Dichter zudem einer Nation ohne politischen und geistigen Mittelpunkt, ohne volkverbundene Gesellschaft, ohne Geschichte. Goethe hat zeitlebens zu Shakespeare aufgeblickt; aber wie begünstigen den Engländer die Zeit und die Volksgemeinschaft, in denen er sich vorfindet! Getragen von der Gunst des Hofes und dem Beifall der Hauptstadt im Augenblick des ersten nationalen Triumphes, widmet er mehr als ein Drittel seines Werkes der heimischen Geschichte, und noch die Träume seines einsameren Mannesalters, vom Julius Cäsar bis zum Sturm, zeigen den Weltblick eines Mannes, der Geschichte erlebt hat. Steht irgend sonst eine Blütezeit der Kunst und Dichtung unter anderen Bedingungen, in Athen und Rom, in Florenz, Madrid und Paris? Einzig der deutsche Geist lebte damals – und wie lange noch! – im luftleeren Raum; statt der anerkannte Sprecher einer Nation zu sein, die ihn sichtbar umgibt, war der deutsche Dichter auf die unbekannte Menge angewiesen (»ihr Beifall selbst macht meinem Herzen bang«) und wurde damit auf sich zurückgeworfen. Es sind Schranken, die auch der Stärkste nicht überspringen kann; Goethe stieß sich wund an ihnen, in steigender Reizbarkeit und Qual – bis der größte Dichter der Nation mit siebenundzwanzig Jahren der Literatur den Rücken kehrte, um Minister eines kleinen Herzogtums, Naturforscher und bildender Künstler zu werden: alles »falsche Tendenzen«, wie er später geurteilt hat, gleichwohl die einzigen Auswege, wollte er nicht ersticken. Im August 1781 scbrieb er seiner Mutter: »Sie erinnern sich der letzten Zeiten, die ich bei Ihnen, eh ich hierherging, zubrachte; unter solchen fortwährenden Umständen würde ich gewiß zu Grunde gegangen sein. Das Unverhältnis des engen und langsam bewegten bürgerlichen Kreises zu der Weite und Geschwindigkeit meines Wesens hätte mich rasend gemacht. Bei der lebhaften Einbildung und Ahndung menschlicher Dinge wäre ich doch immer unbekannt mit der Welt, und in einer ewigen Kindheit geblieben, welche meist durch Eigendünkel und alle verwandten Fehler sich und andern unerträglich wird ...« –

Seit Goethe nach Frankfurt zurückgekehrt war, verfolgte ihn diese Unruhe. Er war gleichsam immer im Aufbruch, er nannte sich den Pilger, den Wanderer, er unterschrieb sich »Der Unruhige«, er ist im Faust »der Flüchtling, der Unbehauste, der Unmensch ohne Zweck und Ruh«. Oft war er unterwegs – nach Darmstadt zu Freund Merck, dessen nüchterner Wirklichkeitsblick und mephistophelische Art ihm wohltaten, und zu den empfindsamen Damen des dortigen Hofes, nach Homburg und Gießen, wo literarische Freunde und Feinde wohnten. Diese Lebensform des draußen- und drüberstehenden Beobachters, des unbeteiligten und doch leicht vertrauten Fremden erlaubte ihm, eine Fülle von Erfahrungen der Sinne, des Verstandes, des Herzens zu sammeln; sie ließ ihn vor allem eine Freiheit fühlen, die ihn allerdings zugleich ängstete. »Und so träum ich denn und gängle durchs Leben, führe garstige Prozesse, schreibe Dramata und Romane und dergleichen. Zeichne und poussiere und treibe es so geschwind es gehen will. Und ihr seid gesegnet wie der Mann, der den Herrn fürchtet. Von mir sagen die Leute, der Fluch Kains läge auf mir. Keinen Bruder hab ich erschlagen! Und ich denke die Leute sind Narren ...«

So schrieb er an Kestner, Sommer 1773; bald hob ihn die Woge: im Herbst erschien der Götz, das Jahr darauf der Werther. Jetzt stand er im Mittelpunkt des Interesses. – Die geistige Oberschicht des Bürgertums war damals klein, und sie war ganz auf das literarische Gebiet eingeschränkt. Neugier und Klatsch wucherten; es gab Leute, die mit mündlichen und brieflichen Berichten hausieren gingen. Goethe hat von dieser unsterblichen Sorte auch zu leiden gehabt und sie in Possen abgestraft; wesentlicher sind seine Beziehungen zu hervorragenden Zeitgenossen. Eine bunte Reihe: der schon erwähnte Merck, wichtig als anspruchsvoller Kritiker und Freund; der geniale, aber enge Klopstock und seine engen, aber ungenialen Jünger, die Reichsgrafen zu Stolberg; die weimarischen Prinzen Carl August und Konstantin, der unflätige Naturapostel und Pädagog Basedow und der zarte Lavater, der Zürcher Pfarrer und Prophet, nach Herder und Merck die bedeutendste und Goethe nächststehende Gestalt dieser Jahre. Die beiden vereinte das Interesse an der erst »geahndeten« Wissenschaft der Physiognomik; zu Lavaters großem Werk, den Physiognomischen Fragmenten, hat Goethe viel beigesteuert – Vorspiel zu der Naturwissenschaft seiner späteren Tage.

Diese Freunde alle waren noch die Besten, und doch, wie wenig den Ansprüchen gewachsen, die Goethe stellen durfte. Er selber war nur gegen Anmaßung »der zermalmendste Herkules«, wie Lavater schreibt; sonst immer »derselbe edle, alles durchschauende duldende Mann«, der »liebenswürdigste zutraulichste herzigste Mensch«. Gelegentlich half er sich und anderen über unerträgliche Situationen durch tolle Späße hinweg, in die er seine Ungeduld über geistige oder sittliche Unzulänglichkeit verbarg.

War es mit Liebesbeziehungen anders? Immer wieder hat sich Goethe von den seelischen und körperlichen Vorzügen eines Mädchens bezaubern lassen; aber wer konnte diesem »Adlerauge« auf die Dauer genügen, wer mit seinen »Feuerschritten« mithalten? Die tiefste Erschütterung brachte das Jahr 1775, zu dessen Anfang er die siebzehnjährige Bankierstochter Lili Schönemann kennenlernte. Ihre Familie gehörte der Frankfurter Geldaristokratie an und stand dadurch in starkem Gegensatz zu Goethes bürgerlich schlichtem Elternhaus. Gleichwohl war die gegenseitige Anziehung der beiden jungen Menschen so stark, daß es, den Familien zum Trotz, zu einer Art Verlöbnis kam. Die Gründe, die Goethe veranlaßt haben, die Bindung zu lösen, sind nicht deutlich zu erkennen; aber sie werden vor allem in der Abneigung gelegen haben, sich durch eine Heirat für immer an Frankfurt fesseln zu lassen. Wie in Sesenheim opferte er seinem Dämon sein menschliches Glück, und das Opfer war diesmal weit größer. Denn Lili war, trotz Herkunft und Anhang, eine schier ebenbürtige Gefährtin; wir hören noch ihre Stimme in Klärchen und Stella, deren unbedingte Hingabe ihr nachgebildet ist. Goethes eigene Qualen klingen, außer in seiner Lyrik, in den gleichzeitigen Briefen an Auguste zu Stolberg wider, die Schwester seiner damaligen Freunde und nie gesehene Seelenfreundin, deren fernes Bild jetzt seinem »wilden Blut Mäßigung tropfen« mußte wie bald darauf Charlotte von Stein.

»O Gustgen! wird mein Herz endlich einmal in ergreifendem wahren Genuß und Leiden die Seligkeit, die Menschen gegönnt ward, empfinden, und nicht immer auf den Wogen der Einbildungskraft und überspannten Sinnlichkeit Himmel auf und Höllen ab getrieben werden.« – – »O Gustgen, wenn ich das Blatt zurücksehe! Welch ein Leben. Soll ich fortfahren? Oder mit diesem auf ewig endigen. Und doch Liebste, wenn ich wieder so fühle daß mitten in all dem Nichts, sich doch wieder so viel Häute von meinem Herzen lösen, so die convulsiven Spannungen meiner kleinen närrischen Composition nachlassen, mein Blick heitrer über Welt, mein Umgang mit den Menschen sichrer, fester, weiter wird, und doch mein innerstes immer ewig allein der heiligen Liebe gewidmet bleibt, die nach und nach dasFremde durch den Geist der Reinheit der sie selbst ist ausstößt und so endlich lauter werden wird wie gesponnen Gold. – Da laß ichs denn so gehn – Betrüge mich vielleicht selbst. – Und danke Gott. Gute Nacht. Addio. – Amen: 1775.«

Das ist ein Blick in die »zerstreutesten, verworrensten, ganzesten, vollsten, leersten, kräftigsten und läppischten drei Vierteljahre, die ich in meinem Leben gehabt habe«, wie er damals schreibt. Nachdem ein erster Versuch, durch eine längere Reise an den Oberrhein und in die Schweiz sich von Lili zu lösen, nur mit tieferer Leidenschaft geendet, ist er Ende Oktober zum zweiten Male geflohen. Die weimarischen Herrschaften hatten ihn eingeladen; aus dem Besuch wurde ein Bleiben für immer.

Das Werk

Es lebe die Freiheit!

GÖTZ

Justus Möser, der Osnabrückische Geschichtsschreiber und Staatsdenker, der Herders wolkige Ahndungen durch den »Erdgeschmack« seiner Heimat-Forschung so kräftig ergänzte und damit Goethes historischen Sinn entbinden half, Möser hat (neben Shakespeare) beim Götz heimlich Pate gestanden. Der Dichter fand bei ihm nicht nur den ersten Hinweis auf Götzens Autobiographie; Möser lehrte ihn erst das Mittelaler als eine »herrliche Periode« sehn; Goehtes Verdienst ist es dann, diese Entdeckung dichterisch lebendig gemacht zu haben.

Der Stoff, den Goethes Vorlage bot, ist recht gleichgültig und gewöhnlich: das wirre Hof- und Fehdewesen eines unbedeutenden Ritters; erst Goethes Herz schmelzt aus ihm das Kunstwerk, das seine Zeit wie uns entzückt. Von Lessing abgesehn, kannte das deutsche Drama bis dahin nur Gesellschaftsstücke einer prosaischen Gegenwart oder die verblasene Idealwelt morgenländischer Schemen und Klopstockscher Cheruskerhelden. Jetzt sah man plötzlich Menschen von Fleisch und Blut und Bilder einer zugleich wirklich und romantisch anmutenden vaterländischen Vergangenheit: in dem kräftigen Realismus der Gestalten, der Episoden, der Atmosphäre leben gleichsam die niederländischen Maler der Dresdener Galerie auf.

Der tiefste Sinn der Dichtung betrifft den tragischen Zusammenstoß des großen, frei aus sich lebenden Einzelnen mit der Welt. Er ist im Götz zugleich ein Kampf zwischen Gut und Böse. Auf der einen Seite stehn die Engen, Liebelosen, den Geistern des Neides, der Machtgier und der Sinnlichkeit Verfallenen, die nach kurzer Befriedigung an ihrer eigenen Untreue schmählich zugrunde gehn. Ihnen gegenüber die Gruppe der »letzten Ritter«, denen innerlich auch der Kaiser zugehört. Sie verteidigen auf verlorenem Posten gegen neue, unheilige Gewalten die Ordnungen des alten heiligen Reiches und damit ihr adeliges Ideal eines Lebens nach eigenem Gewissen und aus eigener Kraft, des uneigennützigen Wirkens für die Bedrängten, des treuen Zusammenhaltens bis zum Tod.

Der Held soll, nach dem Willen des Dichters, ein »großer Mensch« sein. Bruder Martin verehrt ihn als solchen, und selbst Adelheid spricht von seiner »hohen unbändigen Seele«. Das Drama selbst zeigt nur einen »getreuherzigen, biederen« Mann, der immer wieder getäuscht wird und sich in gleichgültigen Fehden verzehrt. Ist es nicht, als habe der Dichter diesen geheimen Mangel gefühlt, als er (im Urgötz) Adelheid so sehr in den Vordergrund brachte? Wenn die einfache und bis zum Grunde durchsichtige Natur des Helden keine Rätsel aufgibt, so bezaubert dieses dämonische Machtweib wie die unergründliche Natur, die kein Gut und Böse kennt. Als Mensch aus e i n e m Guß aber steht sie mit ihrem Feinde zusammen gegen den Schwächling Weislingen, den Mann der halben Entschlüsse und

Taten, dem gleichwohl der Dichter genug von der eigenen allseitigen Bestimmbarkeit beigemischt hat, um ihn begreiflich zu machen.

Es ist das Bekenntnis eines Lyrikers, dieses Drama, das die begeisterten Zeitgenossen an Shakespeare erinnerte. Ihm verdankt Goethe die (durch Lessing und Herder gedanklich vorbereitete) Lösung vom Zwang des französischen Regeldramas, eine Freiheit, die der junge Dichter allerdings mit den 56 Bildern mehr als Szenen gründlich übertrieb. Es ist deutlich, daß Goethe damals Shakespeare als Kraftgenie mißverstand, sein Künstlertum, seinen Zusammenhang mit der Renaissance-Poetik, seinen Theaterverstand nicht sah. Vor allem konnte er seinem eigenen unpolitischen, um nicht zu sagen geschichtslosen Volke keine Gestalten einer noch lebendigen nationalen Vergangenheit vorstellen, wie es dem Engländer möglich gewesen ist. So sang der Deutsche seine eigene Seele und gab ihr die Maske des alten Haudegens.

Hieraus erklärt sich auch die sich unerwartet verdüsternde Handlung, die innerhalb kurzer Zeit den kräftigen Mann der Anfangs-Auftritte in Greisentum und Tod führt. Dieser nur stimmungsmäßig begründete Schluß spricht aber gerade das damalige Lebensgefühl des Dichters aus. Im schönsten Gegensatz dazu steht die sprühende Handlung, der alle Regeln der Theorie und Praxis sprengende Aufbau und die Sprache: zusammenklingend aus lutherischem Bibeldeutsch, dem Chroniken-Stil des 16. Jahrhunderts und aus lebender rheinischer Mundart, kernig-volkstümlich, bildhaft-sinnlich, des zartesten wie des derbsten Ausdruckes mächtig, nach Charakteren, Lebenskreisen, Situationen abgetönt – wie in Stoff- und Menschengestaltung eine Neugeburt.

Auf solche Weise wird die düstere Grundstimmung von heiterer Gesundheit überdeckt, und der persönliche Anlaß des Dichters erscheint fast verleugnet und aufgehoben: schon in seinem ersten großen Wurf erweist sich Goethe als unverwüstliche und lebenbejahende Schöpfernatur.

Über des Menschen Herz läßt sich nichts sagen
als mit dem Feuerblick des Moments.

LYRIK

Der Götz hatte, wenn auch elegisch und hoffnungslos, das Heilmittel für die Nöte einer beengten und schwächlichen Gegenwart gezeigt: lebten alle einheitlich und kraftvoll wie Götz, so wäre die Welt in Ordnung. Der große Mensch – in Götzens Gestalt zwar nur beabsichtigt – ist der Retter der Zeit, wie er immer der Heiland der Menschheit war. Goethes Blick umfaßt die Reihe der Großen:

Die wenigen, die was davon erkannt,
Die törig gnug ihr volles Herz nicht wahrten,
Dem Pöbel ihr Gefühl, ihr Schauen offenbarten,
Hat man von je gekreuzigt und verbrannt

sagt Faust, und der Ewige Jude bestätigt:

Es waren, die den Vater auch gekannt;
Wo sind denn die? – eh, man hat sie verbrannt.

Als Goethe Anfang 1772 Herder den Urgötz schickte, sprach er von dem Plan, den Sokrates zu

»dialogisieren«: »Ich weiß doch nicht, ob ich mich von dem Dienste des Götzenbildes, das Plato bemalt und verguldet, dem Xenophon räuchert, zu der wahren Religion hinaufschwingen kann, der statt des Heiligen ein großer Mensch erscheint, den ich nur mit Lieb-Enthusiasmus an meine Brust drücke, und rufe: Mein Freund und mein Bruder! Und das mit Zuversicht zu einem großen Menschen sagen zu dürfen! – Wär ich einen Tag und eine Nacht Alcibiades und dann wollt ich sterben . . .«

Ein wundervolles Zeugnis der noch »dunklen Ahndung« des Dichters, des hellen Blickes des Sehers, der tödlichen Bereitschaft des Jüngers; aber man sieht ein, warum das Sokrates-Drama ebenso wie ein geplanter Cäsar früh stecken bleiben mußten, ein Mahomet- und ein Prometheus-Drama nicht über (bedeutende) Bruchstücke hinausgekommen sind: noch reichte die Welterfahrung des jungen Dichters nicht hin, um die so fremde athenische, römische, arabische und Ur-Welt lebendig machen zu können. Vielmehr zog er den Geist der beiden letzten Dramenhelden in die bekannten Hymnen zusammen: die Verherrlichung des großen Menschen bleibt der unmittelbaren, der lyrischen Aussprache vorbehalten.

Da sich ein Quell gedrängter Lieder
Ununterbrochen neu gebar . . .

LIED UND BALLADE

Der überkommenen Gattung des gesungenen Liedes gehört das Veilchen an, das nicht zufällig Mozart vertont hat; ferner die Lieder an Belinde (= Lili), das kräftige Bundeslied (In allen guten Stunden) und, einer Kirchenmelodie untergelegt, Sehnsucht (Dies wird die letzte Trän nicht sein), wo der Zusammenhang christlicher Mystik mit der Gefühlswelt Werthers und des Faust deutlich wird.

Gleichfalls gesungen wurde die altdeutsche Reimballade; ihr hatte Goethe im Elsaß nachgespürt und mit dem Heidenröslein das erste neue Kunstwerk dieser Gattung geschaffen. Jetzt entstand die Improvisation Geistesgruß, ein Nachklang gleichsam des Götz, das Fragment des Untreuen Knaben und sein Gegenstück Der König in Thule. Mit diesen vier Werken war die fast verschollene Gattung erneuert, das im Typischen verharrende Volkslied des Spätmittelalters mit dem frischen Blut modernen Seelenlebens genährt; um Goethes Verdienst zu ermessen, muß man diese Balladen mit den gleichzeitigen genialen Versuchen Bürgers zusammenhalten, die doch das Grelle, Langatmige und Moralisierende des Bänkelsangs nicht überwunden haben.

Klopstock hatte mit seinem ‚Kriegslied' die Form der altenglischen Chevychase-Ballade übernommen: reimlose Vierzeiler mit stumpfem Zeilenschluß. Das kräftige, allerdings unvolkstümliche Maß verwandte Goethe in Künstlers Morgenlied, diesem vielleicht kecksten Ausdruck seines damaligen Lebensgefühls, und, mit angehängtem Kehrreim, im Zigeunerlied. Im übrigen ist Goethe der künstlerische Gegner Klopstocks geworden. Dessen Odendichtung, mit ihrer Starrheit und Steilheit, drohte eine Kluft aufzureißen zwischen der Dichtung der »Gebildeten« und des Volkes. Goethe hat sie überbrückt, indem er Hohes und Tiefes ins Lied zu bannen wußte. Die heimische sangbare Reimstrophe, die er solcher Art wieder zu Ehren brachte, gibt seiner Lyrik ihr Gesicht und wirkt (über Uhland, Eichendorff, Mörike und andere) bis heute.

Nichts verzierlicht und nichts verkritzelt!
Nichts verlindert und nichts verwitzelt!
Sondern die Welt soll vor dir stehn
Wie Albrecht Dürer sie hat gesehn:
Ihr festes Leben und Mannlichkeit,
Ihr inner Maß und Ständigkeit.

DER KNITTELVERS

Goethes eigne Tat ist die Übernahme und Weiterbildung des Hans Sachsschen Knittelverses (zuerst im Jahrmarktfest, Ende 1772). Indem er die Silbenzählung des Meistersangs nicht beachtete und, bei freier Füllung der Senkungen, die vier Hebungen allein gelten ließ, gewann er einen Vers, der wie kein andrer deutschem Sprachgefühl gemäß ist. Er hat ihn mit altem Sprachgut an Wörtern, Wendungen und Formen reich ausgestattet und zum Gefäß derbster wie höchster Gedanken gemacht; seine Possen sind darin verfaßt, seine Sendschreiben und Reimbriefe, aber auch der Faust und das geniale Bruchstück des Ewigen Juden.

Dessen Eingang zeigt deutlicher als irgendein anderes Zeugnis die Gewalt der Inspiration, von der Goethe damals zu Zeiten überfallen wurde:

Um Mitternacht wohl fang ich an,
Spring aus dem Bette wie ein Toller;

Nie war mein Busen seelenvoller,
Zu singen den gereisten Mann...

In der Hauptsache ist der Ewige Jude das Lied von der Wiederkunft Christi, und das schlechthin Stärkste und Irrationalste aus Goethes Jugendwerk sind die unheilig-heiligen Bilder des »über die Sterne ganz überquer stolpernden« Sohnes und die Schilderung seiner Niederfahrt und zweiten Menschwerdung.

Wen du nicht verlässest, Genius .

FREIE RHYTHMEN

Aber das ist nun wieder goethisch: während er das Volkslied erneute und im Faustvers unsern ältesten, gewissermaßen deutschesten Vers zurückeroberte, hat er sich auch in der Hymne versucht, die Klopstock als »Lehrling der Griechen« so wirkungsvoll eingeführt hatte. Sieht man von Wandrers Sturmlied und der (späteren) Proserpina ab, so hat Goethe auch hier Klopstock widersprochen, hat dessen »freien Vers« eingegrenzt und seiner Formlosigkeit das Maß fester Takte entgegengestellt.

Weit näher steht er auch dem Geist unserer Sprache in der Belebung des Zeitworts, besonders des Partizips, und in der Zusammensetzung der Hauptwörter – er hat damit unsre dichterische Sprache bis zum Grunde verjüngt.

Jetzt galten diese freien Rhythmen vor allem dem Preise des großen Menschen: in dieser Gattung kühnsten und erhabensten Ausdruckes tönt Schicksal, Aufgabe und Sehnsucht des Genius aus dem Munde eines, der da Vollmacht hat.

Adler und Taube (1772) zeigt das Genie unter den Philistern, in ratlosem Ingrimm wie der gleichzeitige Götz; der Wandrer (1771/2), blickt erst wehmütig und anklagend in die zerstörerische, dann verstehend und hoffend in die mütterliche Natur, als deren lieblichstes Sinnbild ihm die junge Mutter erscheint, die ihm anfangs so ferne stand; der Mahomets-Gesang endlich (1773) bringt die volle Einordnung des Genius in die Menschenwelt, das rechte Verhältnis von Führer und Masse. – Nicht anders klärt sich für Goethe das innere Leben des großen Menschen. In Wandrers Sturmlied (1772) noch lallende, taumelnde, zweifelnde Erweckung durch die Elemente; im Ganymed (1774) mystisches Entwerden, das der hymnische Schluß des Prometheus-Dramas und die Ode An Schwager Kronos zu Todeslust steigern. Dem gegenüber weiß die Prometheus-Hymne die Pflicht des Menschen, sein Ich gegen das Ungeheure zu behaupten; denn das »heilig glühende Herz« ist auch Gott.

So wird von vielen Seiten her, in einer Sprache und in Sinnbildern nie gehörter Gewalt, das Schöpfertum unmittelbaren Gefühls gefeiert; nur Übermacht der Empfindung beglaubigt den Übermenschen.

Aber während die andern, meist von Goethe erst erweckten Stürmer und Dränger in solchem Kultus des Gefühls und der Kraft stecken blieben (Bürger, Lenz, Klinger), ist es für Goethe bezeichnend, daß er – wie in Leipzig, nur auf höherer Ebene – seine Gefühlsstürme gleichzeitig mit kältester Klarheit betrachtete.

D. I. W. Göthe.

Dabei erlebte er immer mehr an sich und andern »Originalgenies« Zustände von Unkraft, ja Zerrissenheit. Große Leistung geht ja aus Spannungen und Gegensätzen hervor, und diese können so stark werden, daß sie Werk und Leben des Schaffenden gefährden. Goethe, als Lyriker immer »himmelhoch jauchzend, zum Tode betrübt«, hat diesen Wechsel von früh an erlebt; er ließ nicht etwa nach; im Gegenteil, je heller sein Genius entbrannte, desto dunkler wurde der Schatten. Der Götz konnte noch alle Schuld auf die Verhältnisse schieben; seit dem Wetzlarer Erlebnis wußte Goethe, daß der Feind in ihm selber saß. Eben die Glut des Empfindens, die ihn beseligte, die ihn zum Dichter entzündete, machte ihn auch unselig, bedrohte leiblich und sittlich den Menschen. Es dauerte lange, bis Goethe dieses entscheidende Erlebnis geistig und dichterisch bewältigen lernte; aber es ist sein höchster Ruhm als Charakter, immer wieder diesem Dämon, der zugleich sein Genius war, ins Auge geschaut zu haben.

So überwand er allein die Einseitigkeit seiner jugendlichen Einstellung, der er selber den stärksten, den ewigen Ausdruck verliehen. Diese *Kritik des Genius* vollzieht sich aber nicht in der Lyrik, die das Gebiet bejahender Empfindung bleibt, sondern im *Drama* und im *Roman*, als den größeren Gattungen, die seit je der Behandlung von Problemen gedient haben.

O wenn ich jetzt nicht Dramas schriebe, ich ging' zu Grund.

DAS GENIE-DRAMA

MAHOMET, PROMETHEUS; SATYROS, CLAVIGO, STELLA

Schon der Mahomet (1772 bis 1773) sollte zeigen, wie Mohammed, dessen Gotteserlebnis das Bruchstück eröffnet, in der Folge dazu gelangt, zur Ausbreitung seiner Lehre Gewalt und List anzuwenden, und wie solchergestalt die reine Idee bei ihrer Verwirklichung in der Welt sich notwendig verunreinigt; so haben wir hier schon, innerhalb des geplanten Dramas, die Kehrseite jener Verherrlichung des Genies, die der »Mahomets-Gesang« ausspricht.

Nicht anders sollte, so scheint es, das Drama Prometheus (1773) dem Trotz des Titanen die Weisheit und Güte Jupiters gegenüberstellen; wie Goethe sich die Ausführung gedacht hat, wissen wir nicht; hier genügt die Feststellung, daß er schon im Bereich der beiden Hymnen, die den Genius am rückhaltlosesten preisen, Gegenkräfte eingebaut hat.

Deutlich und in wachsender Stärke und Tiefe führen die drei vollendeten Dramen dieser Jahre die Kritik des Genius durch. Der Satyros (1773), die umfänglichste, dichterischste und im Sprachlich-Rhythmischen kraftvollste Satire Goethes, trifft mit Pritschenschlägen die Leichtgläubigkeit der empfindsamen Kreise, die Torheit des modischen Naturkultus, das rohe und gefährlich ungebundene Gebaren der Genies:

Mir geht in der Welt nichts über mich;
Denn Gott ist Gott, und ich bin ich.

Die Gestalt des übersinnlich-sinnlichen Freiers Faust erscheint hier gröblich verzerrt in die des »vergötterten Waldteufels«, die Liebesszenen zwischen ihm und Psyche sind eine Parodie der Gretchen-Szenen; aber während Goethe seine eignen Gefühle verhöhnt, läßt er sie zugleich aufklingen in den tief poetischen Urgesängen des Satyrs, in dem Gott und Tier, heiliger Schöpfungsdrang und unflätige Geilheit sich mischen.

Tiefer als dies leichte Spiel prüft der Clavigo (1774) das Ausnahmerecht des Genies, in einer Handlung und Prosa von nächster Zeitgemäßheit. Der zynische Freund Clavigos beweist diesem die Pflichten der Dankbarkeit und Treue weg; aber nicht jeder, der die Bestimmbarkeit des Genies hat, ist schon selbst ein Genie: »Ich bin ein kleiner Mensch« sagt Clavigo. Gleichwohl macht Goethe diesen gesteigerten Weislingen verständlich im Hin und Her seiner Gefühle und verherrlicht ihn durch sühnenden Balladentod. Und auch Carlos, der »Intrigant«, ist kein reiner Teufel wie Marinelli; er hat von seinem Standpunkt aus recht: eben diese Erkenntnis, daß jede Sache viele Seiten zeigt, ist das Neue, das Goethe sich unter Schmerzen erringt. –

»Er ist noch der alte, noch eben das gute, sanfte, fühlende Herz, noch eben die Heftigkeit der Leidenschaft, noch eben die Begier, geliebt zu werden, und das ängstliche, marternde Gefühl, wenn ihm Neigung versagt wird«, sagt Sophie von Clavigo; und Carlos sagt zu ihm: »Ich hoffte, diese jugendlichen Rasereien, diese stürmenden Tränen, diese versinkende Wehmut sollten vorüber sein; ich hoffte, dich als Mann nicht mehr erschüttert, nicht mehr in dem beklemmden Jammer zu sehen, den du ehemals so oft in meinen Busen ausgeweint hast.« Diese Züge genialer Reizbarkeit, die sich zum Bilde des jungen Madrider Redakteurs weniger gut fügen als zu dem des Dichters selbst, erscheinen verstärkt im Fernando der Stella (1775). Da sagt die Heldin »Wie oft hat alles an mir gezittert und geklungen, wenn er in unbändigen Tränen die Leiden einer Welt an meinem Busen hinströmte! Ich bat ihn um Gottes willen, sich zu schonen! – mich! – vergebens! – Bis ins innerste Herz fachte er mir die Flammen, die ihn durchwühlten. Und so ward das Mädchen von Kopf bis zu den Sohlen ganz Herz, ganz Gefühl.« Und Frau Sommer erwidert: »Wir glauben den Männern! In den Augenblicken der Leidenschaft betrügen sie sich selbst, warum sollten wir nicht betrogen werden?«

Damit ist, viel schärfer als bei Weislingen und Clavigo, die Frage aufgeworfen: bürgt die augenblickliche Heftigkeit eines Gefühls für seine Echtheit und Dauer? Goethe als einziger sieht dies Problem, und er, der sich so oft vor einer Liebe in eine andere flüchtet und wie kein anderer um die Willkür des Erglühens und Erkaltens weiß, er empfindet diese Artung nicht als Vorzug, sondern als Fluch, er bewertet sie nicht ästhetisch, sondern ethisch. Demgemäß sind Handlungen und Charaktere in der Stella. Welch ein dürftiger Held ist dieser Fernando, der seiner Frau davonläuft, weil ihn die Gewohnheit langweilt, weil er seinem »Genius« Freiheit lassen muß; und wohin bringt ihn diese

Freiheit? »Wir gingen durch, wir gingen in die freie Welt; – und flatterten auf und ab, heraus – herein – und wußten zuletzt mit all dem freien Mut nicht, was wir für langer Weile beginnen sollten – daß wir uns wieder über Hals über Kopf gefangen geben mußten, um uns nicht eine Kugel vorn Kopf zu schießen.« So mißbraucht er die kindliche Unerfahrenheit Stellas, entführt und verführt sie und verläßt auch sie nach einiger Zeit, in einem neuen Anfall seiner Unruhe und eines nur sich fühlenden Gefühls; und als er seiner Tochter begegnet, ist er entzündlich genug, um auch ihr den Hof zu machen. Dann, erkannt und erkennend zwischen seinen beiden Frauen, weiß er nicht ein noch aus, und nur deren Liebe, die wissende, verzichtende Cäciliens, die blind vergessende Stellas, ermöglichen den heiteren Sagenschluß, der, trotz allem, dem Geiste des »Schauspiels für Liebende« gemäß ist. Ihn verkennt und zerstört der tragische Ausgang, den Goethe 1805 einsetzt, im strengen Sinne jener Jahre und der wenig späteren Wahlverwandtschaften; dem Charakter Fernandos wird freilich nur dieses Ende gerecht.

> Wo fass' ich dich, unendliche Natur?
> Euch Brüste wo? Ihr Quellen alles Lebens,
> An denen Himmel und Erde hängt,
> Dahin die welke Brust sich drängt,
> Ihr quellt, ihr tränkt, und schmacht ich so vergebens?

URFAUST

Clavigo und Fernando, an denen Goethe sich das Bedenkliche des Geniekultus entwickelte, hatten sich freilich bei diesem poetischen Experiment nur als

Halbgenies enthüllt. Hiermit wäre also gegen das wahre Genie noch nichts gesagt. Aber längst hatte Goethe auch dieses selbst zum Gegenstand dichterischer Beichte gemacht, in den beiden Gestalten des tätigen und des betrachtenden Menschen. Sein Inneres barg ja auch diesen Gegensatz, und zwar in solcher Stärke, daß er den Helden der vita activa und den Helden der vita contemplativa aufs reichste ausstatten konnte: Faust und Werther. Diesen hat er anderthalb Jahre lang mit sich herumgetragen und dann in rascher Geburt zur Welt gebracht. Der Faust, dessen Anfänge in Straßburg, vielleicht schon in Leipzig liegen (wo er Lessings Faustpläne kennenlernte), begleitet ihn durch sein ganzes Leben. Uns beschäftigen hier diejenigen Szenen der Dichtung, die in Frankfurt entstanden und nach Weimar mitgenommen worden sind, der sogenannte Urfaust.

Dem geschichtlichen Faust (etwa 1480–1540), einem frechen und lasterhaften Abenteurer, hatte die Sage bald ein Bündnis mit dem Teufel angedichtet; das Volksbuch von 1587 erweiterte diese Züge; aber schon im folgenden Jahre gießt Shakespeares Nebenbuhler Christopher Marlowe den langweiligen und verworrenen Bericht in Dramenform und gibt dem Helden den unbändigen Geist seiner eigenen Zeit und Seele. So verwandelt, kehrt Faust in sein Vaterland zurück, und weder die fratzenhaften Ausartungen des Barocktheaters und Puppenspiels, noch der nüchterne Sinn der Aufklärung vermögen seine Gestalt zu vernichten: deren größter Dichter selbst, Lessing, nimmt sich seiner an. Aber Goethe erst, in einer Weltstunde, deren Lebensgefühl, mindestens ahnend und dichtend, das der Renaissancezeit wiederholt, belebt den alten Teufelsbündler mit neuem Blut, ja gibt ihm erst ganz und grundsätzlich den Geist, der den abendländischen Menschen bezeichnet.

Den Stoff kannte Goethe von Kind auf, und möglicherweise hat er sich, wie Dichtung und Wahrheit will, schon in Straßburg dichtend und denkend damit beschäftigt; aber erst von 1773 an, seit er Hans Sachsens Dramentechnik und Knittelvers kannte, können die uns vorliegenden Szenen entstanden sein. Es sind »Fetzen« wie im Ewigen Juden, hingewühlt wie die Gunst der Stunde es dem Dichter eingab. Wie der Plan des Ganzen war, wissen wir nicht; schwerlich konnte und sollte der Faust damals anders enden als tragisch.

Denn was er will, geht über menschliche Kraft hinaus: der Spottname »Übermensch«, den ihm der Erdgeist gibt, bezeichnet treffend das Übernatürliche und Widernatürliche seines Strebens. Ihm tut das zusammengehäufte Wissen aller vier Fakultäten nicht Genüge; er verlangt nach dem Urgrund der Welt; er, das winzige Ich, will das All erkennen. Aber ebenso groß wie dieser wahnwitzige Anspruch seines Forschertriebes ist sein Lebensdrang, seine Genußgier: der Gelehrte vermißt zugleich »Ehr und Herrlichkeit der Welt« und traut sich zu – er, der Einzelmensch –, »all Erdenweh und all ihr Glück zu tragen«. So sind in ihm Triebe in höchster Stärke vereinigt, die sich sonst ausschließen oder einschränken, und deren Befriedigung auf jeden Fall dem Menschen versagt ist. Er rüttelt und stößt sich überall an den »Grenzen der Menschheit« (Werther!) das heißt an den Schranken des »engen Erdedaseins«. So bricht er denn vor dem Erdgeist, dem Genius des Lebens und ewiger Verwandlung, zusammen. – Wie mit dieser Szene tiefster Sinnbildlichkeit die folgenden Szenen, vor allem die ganze Gretchentragödie, zusammenhängen, ist vom Urfaust aus nicht zu sehn; denn was in der späteren untragischen »Tragödie« von 1806 als Stationen eines Leidens- und Läuterungsweges Fausts aufzufassen ist, muß in der tragischen Urform einen ganz anderen Sinn gehabt haben. Genug: wenn wir von der Schülerszene absehn, wo ein junger Faust teufelmäßig abgeführt wird, und Auerbachs Keller als die unbedeutendste, wohl älteste Szene außer acht lassen, so stellt sich neben die mythische Tragödie des ewig ungestillten Menschengeistes die kleinbürgerliche Tragödie des verführten Mädchens. Sie hat übrigens keinen Zusammenhang mit den Sesenheimer Tagen, sondern entstand – das hat ein glücklicher Fund jüngst gezeigt – unter dem Eindruck eines Gerichtsverfahrens gegen eine Frankfurter Dienstmagd, die im Januar 1772 wegen Kindsmordes hingerichtet worden ist. Den Fall, der die ganze Stadt erregte, hat Goethe reinigend und adelnd ins allgemein Menschliche und Schicksalmäßige erhoben.

Der hochgemute Titan des Anfangs erleidet hier, in der Wirklichkeit des Lebens, denselben Zusammenbruch wie in der symbolischen Erdgeistszene und muß sich Mephistos Hohn gefallen lassen: »Großhans! nun bist du wieder am Ende deines Witzes, an dem Fleckchen, wo euch Herrn das

Köpfchen überschnappt. Warum machst du Gemeinschaft mit uns, wenn du nicht mit uns auswirtschaften (= bis zu Ende haushalten) kannst? Willst fliegen und der Kopf wird dir schwindlig . . .«

Hier ist grundsätzlich und in der Tiefe gefaßt, was Clavigo und Fernando erst anschlugen: im Wesen des Genius liegt Untreue. Sowie er einen Menschen oder eine Lage ganz erlebt hat, muß er sie verlassen, in dem dämonischen Verlangen nach weiterer Welterfahrung. Denn, anders gewendet, ein längeres Verweilen auf einem Punkt hindert ihn, den ganzen Kreis oder wenigstens einen größeren Bogen zu beschreiben; Treue gegen das Einzelne wäre Untreue gegen das Ganze des Lebens.

Es ist das, was Goethe täglich und stündlich im Verkehr mit lieben und werten Menschen erlebt, was sein Schuldgefühl immer erneut und ihn in Verzweiflung hetzt. Denn er empfindet ja auch den Schmerz der überschrittenen, der zurückbleibenden Freunde und Geliebten, wie Faust den Untergang seines holden Opfers nicht ertragen kann; und doch muß er jeden durchkosteten Zustand sogleich wieder verlassen. Hie ist also, was Clavigo und Fernando nicht haben, wahre Tragik: Schuld, Leid, Untergang, die notwendig mit dem Leben selbst gesetzt sind.

Wir wissen nicht, weshalb der Urfaust nicht mit der Selbstvernichtung des Helden endet; da sie aufgeschoben wurde, gewann der Dichter, möchte man sagen, Zeit, seine spätere Entwicklung an diese Gestalt zu binden und dieses Drama zur Dichtung seines Lebens zu machen.

Greller als ein anderes Werk Goethes lebt der Urfaust aus Gegensätzen. Zunächst der Held selbst, hin und her gerissen zwischen Gefühl und Betrachtung, Gedanke und Willen, bald wissenswütig, bald genußsüchtig, bald fromm, bald gewissenlos sinnlich. Dann die Reihenfolge der Szenen: das »Schauspiel« des Weltgeistes, die Erscheinung des Erdgeistes, und gleich darauf der hereinschleichende Philister. Die Gestalt des Schülers als Parodie Fausts, die Kellerszene vielleicht als Verzerrung seines Lebensdrangs. Nicht anders lebt die Gretchentragödie aus Gegensätzen: Faust – Gretchen, Gretchen – Martha, Martha – Mephisto, und, immer glühender, Faust – Mephisto, in die sich Goethe als Fühlend-Wollender und als Kaltbeobachtender auseinander legt. Wie muß er gelitten haben, ehe er diesen Geisterchor seines Innern in solch teuflischer Glut gegeneinander sprühen ließ: »Gut Freund!« – »Ein Tier!«

Auf der andern Seite Gretchen. Was Goethe in dem jungen Weib der »Wandrer«-Hymne schon angelegt hatte, schließt sich ihm in Gretchen zur holdesten Gestalt zusammen: die Natur selbst in ihrer Unbewußtheit, die dem sezierenden Geist um so unbegreiflicher wird, je mehr er sie zu begreifen sucht:

> Ach, daß die Einfalt, daß die Unschuld nie
> Sich selbst und ihren heilgen Wert erkennt!
> Daß Demut, Niedrigkeit, die höchsten Gaben
> Der Lieb austeilenden Natur –

Aber wie der geniale oder halbgeniale Geist durch sein helles Bewußtsein und sein stürmisches Fortschreiten gefährdet wird, so Gretchen gerade durch ihre Unbewußtheit und ihr Verharren im Gewohnten. Sie weiß kaum, was sie opfert, und als es ihr bewußt wird, erträgt sie die Schande nicht, ermordet ihr Kind und zerstört damit sich selbst. Mit der Tragödie des ewigen Menschengeistes wird die Tragödie des kleinbürgerlichen Mädchens verkoppelt, minder gültig als jene, aber lebend aus allen Zaubern der Dichtung.

Ach, wer heilet die Schmerzen
Des, dem Balsam zu Gift ward?
Der sich Menschenhaß
Aus der Fülle der Liebe trank?
Erst verachtet, nun ein Verächter,
Zehrt er heimlich auf
Seinen eigenen Wert
In ung'nügender Selbstsucht.

WERTHER

Was Clavigo, Faust und Stella in der Abkürzung des Dramas zeigen, entwickelt der Werther in der ganzen Breite eines psychologischen Romans. Er ist die eigentliche Großtat des jungen Goethe, und nicht ohne Grund haben den, der uns heute der Schöpfer des Faust ist, viele Jahrzehnte als Dichter des Werther gefeiert.

Faust und Werther: der scheinbar starke Held unersättlichen Weltbemächtigungswillens, und der scheinbar schwache Held tatenloser Betrachtung und Empfindung, – es ist, als wären sie durch Welten getrennt, und doch gehören sie zusammen wie Zwillingsbrüder. Zunächst, natürlich, im Herzen ihres Dichters. »Unseliges Geschick, das mir keinen Mittelzustand erlauben will. Entweder auf einem

Punkt fußend, festklammernd, oder schweifen gegen alle vier Winde«, schreibt er 1775, und nicht anders kennzeichnet Antonio das Wesen Tassos, des gesteigerten Werther (III 4).

Deutlich sind in solchen Selbstbekenntnissen Faust und Werther gefaßt als Zustände des nämlichen Menschen, als gleichbürtige Ebenbilder Goethes. Der Roman selbst zeigt weitere Zusammenhänge der beiden Gestalten. Da heißt es im Brief vom 18. August: »Ach damals, wie oft hab ich mich mit Fittichen eines Kranichs, der über mich hinflog, zu dem Ufer des ungemessenen Meeres gesehnt, aus dem schäumenden Becher des Unendlichen jene schwellende Lebenswonne zu trinken, und nur einen Augenblick, in der eingeschränkten Kraft meines Wesens, einen Tropfen der Seligkeit des Wesens zu fühlen, das alles in sich und durch sich hervorbringt«: wie bei Faust also das übermenschliche Verlangen, das Leben des Weltgeistes in sich aufzunehmen.

Aber wenn Faust die so glühend gefühlte Welt erkennen, beherrschen und genießen will, so findet Werther (Brief vom 22. Mai), daß weder das Handeln noch das Denken des Menschen zu befriedigenden Ergebnissen führen. Seiner Hamlet-Seele erscheint daher nur »eine träumende Resignation« passend und alle Tätigkeit als »Lumpenbeschäftigungen«. Aber »Ich kehre in mich selbst zurück und finde eine Welt!«: die äußere Welt der Zwecke und der Arbeit versinkt ihm im Abgrund des Ichs.

Mit dieser Haltung gewinnt er freilich einen Vorteil über den gewöhnlichen Menschen, der im Lebenskampf steht: er kann die Außenwelt, Natur wie Menschen, aufnehmen ohne Zweckgedanken, ohne fälschenden Bezug auf sich. Jedes Wesen und jeder Vorgang sind unausschöpflich an Bedeutung und Wert, aber die erblickt nur der reine Betrachter; Werther, der uneigennützige, edle Mensch, ist solch reiner Spiegel. Wenn die geizige Pfarrerin den Nutzwert der Nußbäume berechnet und sie schlagen läßt, er kennt ihren kosmischen Wert; und so genießt er alle Vorgänge der Natur so tief, daß sie zu Sinnbildern seines eignen Lebens werden. Ganz ebenso erlebt er die Anmut der Kinder und unverbildeten Menschen. Auch die Vorzüge Lottens sieht er besser als irgendein andrer, selbst als der Bräutigam und Gatte: er allein schaut dieses Mädchen und Weib auf dem Hintergrunde der Ewigkeit.

In solcher Weise will Werther »ein Spiegel des Unendlichen« sein – ein wahrhaft titanischer Anspruch, nicht minder übermenschlich als das Streben Fausts und nicht minder zum Scheitern bestimmt.

Welche Anmaßung des menschlichen Ichs, das göttliche All spiegeln zu wollen! Werther bezahlt sie mit immer neuen Niederlagen, mit immer tieferen Verzichten, mit der Selbstvernichtung. Von vornherein schon ist solch einseitige Stellung zur Welt verderblich; denn der Mensch ist aufs Handeln angelegt, und der müßige Betrachter muß erleben, daß die Welt ihm in dem Maße entgleitet, wie er ihr nur durch Empfindung nahen will. Sein »verzärteltes Herzchen« wird immer reizbarer, weil ihm der notwendige Ausgleich der Beschäftigung und der Pflichten fehlt. Er muß erleben, daß die Natur, deren Spiegel er sein wollte, umgekehrt von seinen

Stimmungen gefärbt und ins Unkenntliche entstellt wird: welcher Zusammenhang ist noch zwischen den Maimorgen seiner ersten Zeit und dem winterlichen Bilde des nach dem Tod Verlangenden? Und das Ganze der Natur wird ihm immer rätselhafter: dem »ewig verschlingenden, ewig wiederkäuenden Ungeheuer« (18. August) ist er ebensowenig gewachsen wie »der Herrlichkeit ihrer Erscheinungen« (10. Mai).

Auf solche Weise der tätigen Menschenwelt entfremdet und von dem All, das er umfassen will, zurückgestoßen, schränkt er seinen Geist auf eine einzige Erscheinung des Universums ein, auf Lotte. Es ist, als schlösse seine allempfängliche Seele Fenster nach Fenster und vergäße in der Betrachtung eines Geschöpfes die Schöpfung. Aber nicht genug mit dieser Einengung des Blickfeldes – Werther muß eine noch ungeheuerlichere Entartung seines Gefühlslebens erfahren. Sein Ich, das ihm zuerst wichtiger und gewisser war als die Welt, wird ihm allmählich zum unwirklichen Schemen: »Ich stehe wie vor einem Raritätenkasten, und seh die Männchen und Gäulchen vor mir herum rücken, und frage mich oft, ob's nicht optischer Betrug ist. Ich spiele mit, vielmehr ich werde gespielt wie eine Marionette, und fasse manchmal meinen Nachbar an der hölzernen Hand und schaudre zurück« (20. Januar). In diesem gespensterhaften Unwirklichkeitsgefühl scheint das Ichbewußtsein vorübergehend aufgehoben: eine schwere seelische Erkrankung, die an die Grenze des Wahnsinns rührt. – Entscheidend aber ist seine Veränderung gegenüber Lotte. Was zuerst metaphysisches Staunen und Entzücken war, ein ehrfürchtiges Anbeten ohne Verlangen (»Sie ist mir heilig. Jede Begier schweigt in ihrer Gegenwart«), entgleitet ihm wider Wissen und Willen ins Bereich der Sinne und Triebe, und der Mann, der jede Tat so verachtete, endet mit dem Überfall auf die wehrlose Frau seines Freundes und mit der Flucht aus einem unmöglich gewordenen Dasein.

Aber die sittliche Seite ist doch nur die eine, die irdische Hälfte von Werthers »Leiden«; sie haben auch eine metaphysische, ja man kann sagen mystische Bedeutung, und in diesem Licht bewegt er sich genau so stark einwärts und aufwärts zum »Vater«, wie er, menschlich gesehn, sinkt; die religiösen Vorstellungen, in denen er seine Leiden sieht, sind keine Blasphemie. Denn ihnen, dem ihm auferlegten Verhängnis weicht er nicht (wie Goethe) aus; er fühlt die Pflicht, »sein Maß auszuleiden, seinen Becher auszutrinken«, und erlebt dabei eine Erweiterung seiner Seele, eine Erfüllung seines Wesens bis zum Rande; erst in der Gewißheit, daß er »ausgetragen habe«, sucht er Lotte zum letzten Male auf, und jene wütenden Küsse der Verzweiflung, die ihm ein weiteres Leben unter Menschen verwehren, sind zugleich die äußerste Erfüllung seiner Wünsche und die geheimnisvolle Vermählung mit dem Tod. Seine letzten Stunden beseelt der düster-heitere Stolz des Märtyrers: – kaum je greift man deutlicher den Zusammenhang der »Deutschen Bewegung« mit dem Pietismus.

*

Von den erschütterten Zeitgenossen wurde der Werther als Liebesroman genommen, und wo wären

Seligkeit und Unseligkeit der Liebe in deutscher Zunge so gesungen worden, seit Gotfrieds und vor Wagners Tristan? Wie dessen Musik muß auf Goethes Zeit die Sprache des Romans gewirkt haben, diese in allen Tönen des Menschenherzens singende Prosa. Sicher hat auf die meisten Leser der weitere Umstand gewirkt, daß hier das deutsche Bürgertum in einer nie geahnten Verklärung erschien. Vor allem in den beiden Helden: Werther, von seinem Dichter verschwenderisch beschenkt mit Vorzügen des Geistes und der Seele, die aber weder der Staat noch die adlige Gesellschaft zu würdigen und zu nutzen wissen; Lotte, die Reize des Mädchens und die Tugenden der mütterlichen Frau vereinend, naives Naturwesen und zugleich im Besitze zarter Herzens- und Geistesbildung, – diese Gestalten empfand der dritte Stand ebensosehr als getreue Abbilder seines Wesens wie als unerreichbare Vorbilder. Der nämliche Goldglanz, der zuvor die Welt des Götz getroffen hatte, übergoß jetzt die dürftige deutsche Gegenwart, und sie dankte es dem Dichter, ohne doch ganz zu wissen, daß er solche Schönheit auch diesmal nicht entdeckt, sondern aus eigener Liebeskraft geboren hatte.

Aber freilich, der Werther ist weit mehr als ein Roman von unglücklicher Liebe. Hätte der Held seine Lotte »gekriegt«, er würde sich ja um nichts gebessert finden; das zeigt sein Ebenbild Fernando, an dem Goethe, ein Jahr nach Abschluß des Werther, diese Möglichkeit durchführt –: titanische Unersättlichkeit ist eben durch nichts Endliches zu befriedigen. Von allem Anfang an ist Werther ein Gefährdeter, ja ein Verlorener, wie er denn schon lange bevor er Lotte kennenlernt, mit dem Gedanken des Selbstmords spielt, und anderseits durch genug andere Anlässe – verletzte Ehre, lästige Forderungen des Dienstes, zuhöchst die ganze Unvollkommenheit des Lebens – gepeinigt wird: »Mich hetzt alles!«

So ist der Roman die Geschichte einer tödlichen Seelenkrankheit und ein erbarmungsloses Gericht über den Anspruch des Gefühls, das Leben meistern zu können. Ein Gericht freilich nicht in der Form einer Predigt, sondern einer Dichtung, d. h. eines künstlerischen Experiments: der Dichter läßt die Kräfte wirken und sieht zu, was dabei herauskommt. Und nun zeigt sich: ein Gefühlsleben, das die Sicherungen des Verstandes und des Willens ausschaltet, wird zum ungeordneten Triebleben und endet in seelischem und sittlichem Bankrott.

*

Als im Oktober 1808 der französische Schauspieler Talma Goethe nach seinem Verhältnis zur Gestalt Werthers fragte, erwiderte dieser: »Ich pflege zu antworten, daß es zwei Personen in einer gewesen sind, wovon die eine untergegangen, die andere aber leben geblieben ist, um diese Geschichte der ersteren zu schreiben; so wie es im Hiob heißt: ‚Herr, alle deine Schafe und Knechte sind erschlagen worden, und ich bin allein entronnen, dir Kunde zu bringen.‘ – – So etwas schreibt sich indes nicht mit heiler Haut.« – Es bedürfte nicht dieses ergreifenden späten Zeugnisses, um zu sehen, daß Goethe im Werther zunächst sich selber bekämpft und gerichtet hat. Es war ein Kampf aufs Messer, und er war keineswegs mit der Vollendung des Romans beendet: nach fünfzehn Jahren nährt Goethe den Tasso aus demselben Herzblut, und noch der Eduard der Wahlverwandtschaften, fünfunddreißig Jahre später, ist aus solchen Erlebnissen entstanden. Es war ein Kampf gegen sein Bestes und Bösestes, gegen Blut und Trieb. Ahnen wir, wieviel der größte Lyriker aller Zeiten in sich bändigen, ja einsargen mußte, um weiterleben zu können? Nicht immer hat er gewußt, ob der Einsatz sich gelohnt habe. »Ich korrigiere am Werther und finde immer, daß der Verfasser übel getan hat sich nicht nach geendigter Schrift zu erschießen«, schreibt er 1786 an Frau von Stein; und nach fünfzig Jahren – welch eines Lebens! – ruft er 1824 dem »vielbeweinten Schatten« Werthers nach:

Zum Bleiben ich, zum Scheiden du erkoren
Gingst du voran – und hast nicht viel verloren.

Und doch, nur auf diesem Weg ist er über die Gefahren seiner Jugend hinausgewachsen; und was wir unter dem Namen Goethe verehren, hat doch zum großen Teil erst nach jener schwer erkämpften Selbstbescheidung des Fünfundzwanzigjährigen reifen können; diese aber ist, schon damals, was auch über seinem Mannes- und Greisenleben steht: Entsagung.

*

Die Form des Romans zeigt eine glückliche Zweiteilung in die subjektiven Briefe und Tagebuchstellen und den objektiven Bericht des »Herausgebers«. Tiefer greift die – in der zweiten, endgültigen Fassung von 1786 verunklärte – Dreiteilung in Frühling, Sommer und sinkendes Jahr, deren Wandel bei dem Helden Heiterkeit, schwüle Leidenschaft und Todesverlangen zu begleiten oder hervorzurufen scheint, mannigfaltig abgetönt durch die Stimmungen der Tageszeiten, – ein Naturmythos mitten in der Welt modernen Seelentums. Ein drittes formales Mittel von tiefer Bedeutung und Wirkung ist die leitmotivische Verwendung mancher Gegenstände (der Nußbäume, der Pistolen), Örtlichkeiten, Vorgänge und Personen (die Wahlheimer Kinder, der Bauernbursch): Symbole für Werthers eigenes Schicksal; hierher gehört auch die Entgegensetzung Homers und Ossians.

Nimmt man dazu die wundersame Vereinigung lyrischer und epischer Bestandteile und die, in der späteren Fassung freilich gedämpfte, Geniesprache, so stellt der Roman formal nicht weniger eine Neuschöpfung dar als seinem Gehalte nach.

Nicht in Rom, in Magna Graecia,
Dir im Herzen ist die Wonne da!
Wer mit seiner Mutter, der Natur, sich hält,
Findt im Stengelglas wohl eine Welt.

DER GENIE-STIL

Nachdem Goethe sich in Leipzig beeilt hatte, seine von der Mundart und von der Kanzleisprache des Barocks bestimmte Redeweise umzuformen nach den Gottsched-Gellertschen Grundsätzen »vernünftiger Wohlredenheit«, führte ihn der Pietismus, dann, weit mächtiger und bewußter, Herder in den Sturm einer Gefühlssprache, der das Zungenreden der Ahndung als einzig wahrer Ausdruck galt. Solchem Expressionismus hat sich Goethe allerdings nur ganz selten überlassen (Wandrers Sturmlied); tiefer als irgend einer seiner Sturm- und Dranggesellen dem Geist unsrer Sprache lauschend, bewahrt er in aller Schöpferglut die Besonnenheit des Künstlers und jenes Maß im rein Sprachlichen, das er gleichzeitig auf dem Gebiet des Metrisch-Rhythmischen walten läßt. So ist er heute noch jung und morgenschön wie die Natur, und grade mit seiner Sprache reißt der »junge Goethe« am unwiderstehlichsten hin.

Da sind jene zärtlichen Verkleinerungen wie Früchtlein und Keimlein, wie einmümmeln, vergängeln, sich verliebeln; jene leidenschaftlichen Ballungen wie Knaben Morgen Blütenträume, Brand Schandemal Geburt, liebe himmels wonne warm; jene in neue Bewegung geratenen Zeitwörter wie sich erwühlen, entjauchzen, umflügeln, hinanwiegen, entgegenbeben; jene durch Vor- und Beiwörter gesteigerten Partizipien wie leise wandelnd, heilig glühend, herzauf quillend, leicht empfangen, aufgetürmt – Neubildungen, die doch altvertraut klingen und als wären sie immer gewesen. Ihnen gesellen sich die derben und deftigen Wörter und schlagenden Bilder aus der Volkssprache, die wie Naturburschen in die Ziergärten der Aufgeklärten und der Empfindsamen einbrachen; Goethe hat sie später zum Teil durch harmlosere ersetzt.

Nicht minder umwälzend wirkt der Satzbau. Aller Vernunftregeln spottend gehorcht er allein dem »Feuerblick des Moments«, kein feierlicher

Mantel, sondern lebendiger Leib des Geistes und darum ewig sich wandelnd, vom einsilbigen Schrei und der so beredten Pause bis zum langen Atem des Satzgefüges.

Begeisternde Rede eines Begeisterten, der die Welt innig umfaßt; eines Liebenden, dem kein Ding zu gering ist und der sich nicht selten in selbstgeschaffene Personen und Situationen so verliebt, daß sie ihm unter den Händen über die ursprüngliche Absicht hinauswachsen; wie er denn, ein echter Lyriker, auch bei größeren Werken nicht nach Plan und Folge dichtet, sondern vorerst in jähem Rausch diese und jene Lieblingsszene ausführt.

Bis in die italienische Reise hinein dauert, wenn auch immer mehr sich mäßigend, diese Sprache und Schaffensweise des Gefühls. Dann folgt, in jener geistigen »Spiraltendenz«, die Goethe auch sonst bei sich beobachtet hat, eine Wiederkehr vernunftbeherrschter Sprache und Formung: in der Zeit der Klassik.

DER KLASSISCHE
GOETHE

Jüngling, merke dir, in Zeiten,
Wo sich Geist und Sinn erhöht:
Daß die Muse zu begleiten,
Doch zu leiten nicht versteht.

EINLEITUNG

Die tödliche Gefahr schrankenlosen Gefühls- und Phantasielebens, die der junge Goethe erkannt und dichterisch aufgewiesen, hat der mittlere, klassische Goethe gebannt, indem er sich fremden Forderungen – der Gesellschaft, des Staates, der Wissenschaft und der Kunst – unterwarf, im Dienst ihrer Werte Verstand und Willen gegenüber dem Gefühle stärkte und so ein, freilich immer schwankendes und neu zu erringendes, Gleichgewicht seiner Kräfte fand. Ihn unterstützte dabei das Hochbild der Antike, die er sich in unablässigem Ringen immer neu und immer tiefer aneignete.

Die klassische Zeit Goethes, reichend von seiner Übersiedlung nach Weimar (1775) bis ungefähr zur ersten Ausgabe seiner »Werke« (1806–1808), gliedert sich in drei »Jahrzehnte« verschiedenen Charakters: im ersten, äußerlich ruhigen (1775–1786), zähmt und sittigt sich der junge Titan durch titanische Askese; das zweite, äußerlich und innerlich bewegte (1786—1794), löst alte Bindungen und stiftet neue; das dritte, äußerlich wieder ruhige, bringt den Triumph des Dichterfürsten. Das erste kennt vorwiegend ethische Ziele, das zweite wissenschaftliche und künstlerische, das dritte dichterische.

Mit diesem großen Rhythmus verschlingen und durchkreuzen sich kleinere Perioden der »Verselbstung« und »Entselbstung«, geistigen Sich-Verschließens und Sich-Öffnens; doch trägt die Manneszeit Goethes den einheitlichen Charakter einer realistischen, auf das Diesseitige sich richtenden und beschränkenden Lebensstimmung und Tätigkeit. Sie setzt sich damit deutlich ab gegen die Phantasie- und Gefühlszeit des Jünglings wie gegen seine symbolisch-ahnungsvolle Alterswelt.

O Weimar! dir fiel ein besonder Los:
Wie Bethlehem in Juda, klein und groß!

LEBEN

Das erste Jahrzehnt

WEIMAR

Wer heute die Goethestadt und die Goethestätten in verehrender Ergriffenheit durchwandelt, muß sich bewußt halten, daß das meiste von dem, was er sucht und sieht, Goethes Werk ist; der hohe alte Park, nach seinen Plänen auf den einst öden Ilmwiesen entstanden, ist ein Sinnbild all der Veränderungen, die diese Stadt und Landschaft dem Fremden verdanken.

Frankfurt war zu Goethes Zeit eine mittlere Großstadt von 30000–35000 Einwohnern; als Goethe am 7. November 1775 in Weimar einfuhr, fand er ein ummauertes Ackerbürgerstädtchen von 6000 Seelen vor und einen kleinen Hof. Armselige Verhältnisse, auch des Landes mit seinen 100000 Untertanen, die als Fronbauern und Pächter, Tagelöhner, Jäger,

Köhler, Bergleute auf kargem Wald- und Gebirgsboden ihr Brot suchten, eingeengt durch überalterte Staats- und Wirtschaftsformen und mühsam sich erholend von den Folgen des Siebenjährigen Krieges, der Mitteldeutschland besonders geschlagen hatte. Klima, Kulturhöhe, Menschenart stachen gewaltig ab gegen die üppige, städtereiche oberrheinische Tiefebene mit ihrer behäbigen, geistig regsamen und selbstbewußten Bevölkerung.

Indem Goethe diese seine Heimat für immer verließ, gab er die Erde auf, aus der er, ein »Antäus im Gemüte«, bisher seine dichterischen Kräfte gesogen, entzog er sich den gerade ihm so wichtigen Einflüssen der Natur, in der er geboren, verlor er den Zusammenhang mit Landsleuten und Gesellen, die ihn unmittelbar verstanden und befeuerten. Der Dichter und Künstler darbte und welkte.

Aber: »Der Mensch gewinnt, was der Poet verliert.« Weimar mit seiner Gesellschaft und seinem Staat bot Goethe die – bis zum letzten ausgenutzte – Gelegenheit, seine gefährlich schweifenden Kräfte einzufangen und für überpersönliche Zwecke einzusetzen. Der Frankfurter Bürger hatte nur das Feld der Literatur vor sich; dem vertrauten Freunde eines Fürsten war es möglich, auf dem leicht überschaubaren Raum dieses Zwergstaates in nahezu alle Gebiete einzugreifen.

Der Hof- und Staatsmann Goethe aber gelangte auf die oberste Stufe der damaligen Weltordnung und Weltsicht. Im Laufe eines mehr als fünfzigjährigen Geschäfts- und Gesellschaftslebens lernte er nicht nur Menschen und Zustände der Unter- und

Mittelschichten gründlich kennen, sondern erst recht die Vertreter der Oberschicht, zunächst im mitteldeutschen Raum, dann im deutschen, endlich im europäischen. Er speiste bei Friedrichs des Großen Bruder Heinrich und stand vor Napoleon; er verkehrte mit dessen Besiegern Stein und Metternich und durfte der lieblichen Kaiserin Maria Ludovika nahetreten; das Gebiet zwischen Krakau und Valmy, Berlin und Girgenti sah er, nicht als empfindsamer unverantwortlicher Reisender, sondern je nachdem mit den Augen des Staatsmannes, Militärs und Wissenschaftlers, immer als Menschenkenner und -beobachter. Damit erfuhr er einerseits Geschichte als persönliches Geschehen, als Planen, Tun und Leiden ihm bekannter Menschen, und das in einem Zeitraum tiefster Erschütterungen, während er sich anderseits dem immer gleichen Reich der Natur auf vielen Wegen näherte.

Er ist der erste Mensch der neuen Zeit, der sich der Welt von so vielen Seiten her zu bemächtigen getrachtet hat; keinem Nachlebenden ist diese Aufgabe in annähernd gleichem Maße gelungen, jedem als Vermächtnis und Ziel gegeben. – Was sind die Phantasien von Goethes genialer Jugend gegen diese ungeheure Planung und Erfahrung, die der Mann und Greis mehr verschweigend als enthüllend wirken ließ? Auch dieses Wissen, das zur Weisheit ward, hat Goethe erst von Weimar aus erwerben können.

Klein ist unter den Fürsten Germaniens freilich der meine;
Kurz und schmal ist sein Land, mäßig nur, was er vermag.
Aber so wende nach innen, so wende nach außen die Kräfte
Jeder, da wär's ein Fest, Deutscher mit Deutschen zu sein.
Denn mir hat er gegeben, was Große selten gewähren,
Neigung, Muße, Vertraun, Felder und Garten und Haus.

CARL AUGUST

Einfach genug begann dieser Weltlauf. Im Dezember 1774 ließ der damals siebzehnjährige Erbprinz von Sachsen-Weimar, der auf einer Bildungsreise nach Paris Frankfurt berührte, sich den Verfasser des Werther vorstellen, und dieser Augenblick wurde beiden zum Schicksal. Das erste Gespräch schon behandelte, symbolisch genug, nicht den Roman, sondern Mösers eben erschienene »Patriotische Phantasien«, und das heißt: höchste Fragen kleinstaatlicher und Reichspolitik. Der fürstliche Jüngling spürte, daß hier mehr sei als ein Dichter; er witterte in dem acht Jahre älteren Genius den gleichgesinnten Mitarbeiter und den Freund, dem er sich anvertrauen konnte. Als er im folgenden Jahr, jetzt als Herzog, wieder an den Rhein kam, wurde Goethes Hinkunft verabredet.

Goethe erschien zunächst »zum Besuch, Versuch« – aber gegen den heftigen, nicht unbegründeten Widerstand seines Adels und hohen Beamtentums gab Carl August im Juni 1776 dem jungen bürgerlichen Schriftsteller einen Sitz im Geheimen Consilium, der aus vier Räten bestehenden obersten Regierungsbehörde, nachdem er ihn schon im April durch die Schenkung des Gartenhäuschens an Weimar gefesselt hatte. Hier, außerhalb der jeden Abend zugesperrten Stadttore, hat Goethe die nächsten sechs Jahre in beglückender Einsamkeit verbracht, im Verkehr mit den Geistern der Natur, in der ersten Zeit gelegentlich auch Abende und Nächte mit dem jungen Freunde verschwärmend, der im Borkenhäuschen gegenüber kampierte, während wenige hundert Meter flußabwärts Wohnung und Licht der Charlotte von Stein herüberschienen.

Gleich einer rauschenden Ouvertüre klingt es in den ersten Briefen Goethes an die rheinischen Freunde: »Wie eine Schlittenfahrt geht mein Leben rasch weg und klingelnd und promenierend auf und ab.« – »Ich bin nun ganz in alle Hof- und politische Händel verwickelt und werde fast nicht mehr wegkommen. Meine Lage ist vorteilhaft genug und die Herzogtümer Weimar und Eisenach immer ein Schauplatz um zu versuchen, wie einem die Weltrolle zu Gesicht stünde.« – »Ich bleibe hier und kann da, wo ich und wie ich bin, meines Lebens genießen und einem der edelsten Menschen in mancherlei Zuständen förderlich und dienstlich sein. Der Herzog, mit dem ich schon an die neun Monate in der wahrsten und innigsten Seelenverbindung steh, hat mich endlich auch an seine Geschäfte gebunden, aus unsrer Liebschaft ist eine Ehe entstanden, die Gott segne.« Die Äußerungen waren zum guten Teil für den mißtrauischen, dem »Hofdienst« des Sohnes widerstrebenden Vater bestimmt; Goethe selbst sah auch hier die „Zugabe" und fühlte sich, bei allem Drang, bisher brach liegenden Kräften Raum zu schaffen, »mehr als jemals am Platz, das durchaus Scheißige dieser zeitlichen Herrlichkeit zu erkennen« (Januar 1776 an Merck).

Carl August, urwüchsig, derb und unbändig, nach Goethes spätem Wort eine »dämonische Natur« wie Napoleon und Byron, lebend aus den Sinnen und Trieben des Jägers, Reiters, Kriegers und – eines Prinzen der Rokokozeit, er hätte ein Landverderber werden können wie Karl Eugen von Württemberg, Schillers Herr und Peiniger. Gerade der Wille zum Unbedingten, den er mit seinem großen Oheim Friedrich II. teilte, brachte ihn in die Gefahr, in den kleinlichen Verhältnissen seines Ländchens zu entarten. Daß statt dessen die tüchtige Seite seines Wesens obsiegte, ist ein Werk Goethes, wahrlich nicht sein geringstes. So nur ist Carl August, ob auch unter mancherlei Abstrichen und Rückfällen, im Laufe der Zeit nicht bloß seinem kleinen Staat ein guter Verwalter geworden, sondern dem deutschen Geistesleben der Schutzherr, den es damals sonst nirgend gefunden hat.

Goethe muß gleich in dem jungen Fürsten das Verwandte, aber in peinlicher Vergröberung, erlebt haben. Während er in diesem Zerrspiegel die noch keineswegs überwundenen Züge eigenen Unmaßes wahrnahm und bei sich zu tilgen suchte, bemühte er sich, den Jüngling zu erziehen, ohne sein Selbstgefühl zu verletzen – eine stille, meist verkannte Arbeit hohen sittlichen und seelischen Taktes, die Goethe später in dem Gedicht Ilmenau mit entwaffnendem Freimut enthüllt hat.

Vergleicht man dieses Werk aus dem Jahre 1783 mit jenen Briefstellen der ersten Weimarer Monate, so sieht man, wie weit Goethe inzwischen über den fürstlichen Freund hinausgewachsen war. Der Abstand sollte in der Folgezeit noch größer werden. Denn es war Carl August nicht gegeben, in geduldiger Kleinarbeit es jenem Säemann gleichzutun, den das Gedicht so ergreifend beruft. Seine Täternatur strebte vielmehr immer stärker in die auswärtige Politik. Am Fürstenbund von 1785 hat er mitzuformen versucht, später sogar einmal nach der ungarischen Königskrone gelangt, auch als preußischer General sich seinem Land mehr als billig entzogen. Goethe, dessen opfervolles Mühen um die Gesundung der Finanzen er durch solche kostspielige und fruchtlose Tätigkeit guten Teils vernichtete, hat sich dem Freunde auch hier nicht versagt. Durch sein langjähriges Wirken in politischen und militärischen Dingen erwarb er sich dabei jenes überlegene Urteil und die Geschicklichkeit des Verhaltens und Verhandelns, die im Zeitalter Napoleons ihm und der deutschen Kultur zustatten kommen sollten.

Und wie der Mensch nur sagen kann: Hie bin ich,
Daß Freunde seiner schonend sich erfreun . . .

GESELLSCHAFT UND VERKEHR

Der Hofkreis, in den Goethe eintrat, war klein, und seine Mitglieder jung. Wieland mit seinen dreiundvierzig Jahren galt schon als Patriarch, die Herzoginmutter Anna Amalia, ebenso lebensdurstig wie bildungshungrig, zählte sechsunddreißig Jahre, das Herzogpaar achtzehn. Das gestattete für den Anfang einen jugendlich unbefangenen, ja gelegentlich derben Umgangston, der freilich bald abklang.

Allmählich wirkten Sitte und Zeit immer stärker auf Goethe. Wenn der junge Geniedichter daheim nach der Willkür des Gefühls Menschen an sich reißen und wieder von sich stoßen konnte, jetzt galt es, sich auf die wenigen Personen dieses Kreises für die Dauer einzurichten, und Goethe gewann es seinem glühenden Temperament und unnachsichtig durchschauenden Verstand mehr und mehr ab, sich trotz überragenden Wertes und Ranges einzufügen. Es ist schwer erkämpft, wenn die »Zueignung« mahnt: »Wie viel bist du von andern unterschieden? Erkenne dich, leb mit der Welt in Frieden!«, und der Konflikt Tassos spiegelt, typisch erhöht, sonst verschwiegene schmerzliche oder peinliche Erlebnisse des Bürgersohns und Schneiderenkels in der hochadligen Gesellschaft, mit der er leben mußte und deren Gesetze er anerkennen lernte, als sinnbildlich für jede Schranke, die den Menschen, und gerade den großen Menschen, quälend aber wohltätig bindet.

Als persönlicher Freund und Vertrauensmann stellte Goethe sein Talent und Wissen, seinen künstlerischen Geschmack und seine geselligen Fähigkeiten in den Dienst des Herzogs. Er beriet ihn beim Erwerb von Kunstwerken, bei der Gewinnung von Schauspielern und bildenden Künstlern; er sorgte für das höfische Liebhabertheater und half durch eigene Werke, durch Maskenzüge und Singspiele die Geselligkeit des kleinen Kreises auf eine höhere Stufe heben. Dabei fand er schon bereiteten Boden vor. Anna Amalia hatte gegen Ende ihrer schweren Regentschaftsjahre mit der Berufung Wielands und

Knebels einen »Musenhof« gegründet, der in der Pflege schöngeistiger Dinge den Weg vom Rokoko ins Zeitalter der Humanität mitging. Den stärksten Helfer hierfür sicherte sich Goethe sogleich dadurch, daß er die Berufung Herders durchsetzte. Mit seiner Empfindlichkeit und faustischen Ungenügsamkeit für Goethe oft ein Anlaß der Sorge und berechtigten Ärgers, war Herder immerhin der einzige ebenbürtige Geistesgefährte und von 1783 ab auf ein Jahrzehnt sein nächster Freund. Mit ihm durchdachte er alle philosophischen Probleme derart, daß einige Hauptwerke Herders als Früchte dieser Zusammenarbeit und als Zeugnisse von Goethes eigenen damaligen Anschauungen gelten dürfen.

Die übrigen Jugendbeziehungen traten zurück; Merck und Jacobi erhielten gelegentlich Rückblicke auf Geleistetes und Geplantes; mit Lavater traf er sich wiederholt, doch wurde seine Verehrung des »Besten Größten Weisesten Innigsten aller sterblichen und unsterblichen Menschen« (1779) durch den zudringlichen Ton einer biblischen Dichtung des Zürichers in wachsende Abneigung verkehrt; seit 1786 mied er ihn, und erst Lavaters Opfertod (1801) verwandelte diesen fast besessenen Haß in gerechte Anerkennung des bedeutenden Menschen.

Die Mutter besuchte er in den dreiunddreißig Jahren bis zu ihrem Tode (1808) nur viermal; sie blieb eine Art Mittlerin persönlicher und poetischer Äußerungen zu andern Freunden. Als er sie zum ersten Male wiedersah (1779), geschah es in Begleitung des Herzogs, mit dem er eine viermonatige

Reise nach der Schweiz unternahm, um ihn gewissen Gewohnheiten und Torheiten des Hoflebens für eine Weile zu entziehen. Bei dieser Gelegenheit besuchte er die inzwischen glücklich verheiratete Lili in Straßburg und Friederike in Sesenheim und konnte nun »in Frieden mit den Geistern dieser Ausgesöhnten« leben.

Wie den Bezauberten von Rausch und Wahn
Der Gottheit Nähe leicht und willig heilt,
So war auch ich von aller Phantasie,
Von jeder Sucht, von jedem falschen Triebe
Mit einem Blick in deinen Blick geheilt.

CHARLOTTE VON STEIN

Von den Mitgliedern der Hofgesellschaft ist die Hofdame der Herzoginmutter, Charlotte von Stein, Goethe allein nahe getreten und das erste Jahrzehnt der nächste Mensch geblieben. Diese Frau, sieben Jahre älter als Goethe und häufig kränkelnd, in freudloser Ehe Mutter von sieben Kindern geworden, von denen nur zwei Söhne groß wurden, keine Schönheit, doch anmutig und anziehend, hat ungesucht über Goethe eine Gewalt ausgeübt, die er selbst sich nicht erklären konnte, und die wir Nachlebenden erst recht nicht ganz erklären und beurteilen können. Eine eigene Mischung von Festigkeit und Sanftheit, ein sittlicher Sinn ohne Enge und die zur Natur gewordene Beherrschung der Form - solche Eigenschaften sind es wohl gewesen, die Goethe ergriffen und festhielten. Was ihrer kühlen und nüchternen Natur leicht fiel, erstrebte er ja als einziges Heil, und wie so oft, erschien ihm sein Ideal »in Frauengestalt«. Daß die so Verehrte, Vertraute und Geliebte ihm unerreichbar war und blieb, diese Grundbedingung ihres Verhältnisses ist dem Ehescheuen, allen Bindungen Abholden schwerlich immer eine Last gewesen, doch zugleich die täglich neugefühlte schmerzliche Lust, Grenzen ziehen, Entsagung üben zu müssen. Bisher in »unschuldiger Schuld« umgetrieben, der Maßlosigkeit, Eitelkeit und flackernder Sinnlichkeit bis zur Vernichtung preisgegeben, allen Reizen des Gefühls immer wieder verfallend, fand er jetzt Halt und Hilfe bei dieser Frau, die ihm »Mutter, Schwester und Geliebten nach und nach geerbt hat«. Sie erleichterte dem Entzündlichen, seine Sinne in Zucht zu nehmen, und indem er alle Erlebnisse auf sie beziehen lernte, gelangte er aus dem Chaos der Jugend zu der seelischen Einheit, die dem Manne ziemt, aber gerade vom Künstler so oft verfehlt wird.

Kaum ein Tag verging, an dem sie einander nicht sahen; häufig speiste Goethe bei der Freundin oder erwartete sie in seinem Gartenhäuschen; Fritz, ihr heranwachsender Jüngster, bei Goethes Ankunft dreijährig, wurde sein Zögling und Sohn, den er oft bei sich hatte und auf Reisen mitnahm. Von allem, was seinen Geist beschäftigte, seine Seele bedrückte oder beglückte, erfuhr sie; er las mit ihr Spinoza, er diktierte ihr Poetisches und Wissenschaftliches, sie nahm für ihn Abschriften. Noch stärker zeigen seine Reisebriefe, was sie ihm bedeutete; nicht nur daß hier die Sehnsucht spricht; er erlebte gerade im amtlichen und menschlichen Verkehr mit Fremden, wie der Gedanke an sie seinem rastlos arbeitenden

Gefühls- und Phantasiewesen erlaubte, die Welt »rein« zu sehen, das heißt zugleich deutlich und uneigennützig-liebevoll. So lernte er damals im Blick auf sie die Sachlichkeit und Gegenständlichkeit, die ihm blieben, als jene Stütze fiel.

Es war eine Arbeit höchster Anspannung und Ergriffenheit, der oft religiöse Töne allein gemäß sind. Da heißt es im Jahre 1781, nach fünfjährigem Freundschaftsbunde: »Meine Seele ist fest an die deine angewachsen. Ich mag keine Worte machen; du weißt, daß ich von dir unzertrennlich bin und daß weder Hohes noch Tiefes uns zu scheiden vermag. Ich wollte daß es irgend ein Gelübde oder Sakrament gäbe, das mich dir auch sichtlich und gesetzlich zu eigen machte; wie wert sollte es mir sein; und mein Noviziat war doch lang genug, um sich zu bedenken. – Die Juden haben Schnüre, mit denen sie die Arme beim Gebet umwickeln; so wickle ich dein holdes Band um den Arm, wenn ich an dich mein Gebet richte und deiner Güte, Weisheit, Mäßigkeit und Geduld teilhaft zu werden wünsche. Ich bitte dich fußfällig, vollende dein Werk; mache mich recht gut!« Und zwei Jahre später, 1783, schrieb er: »Mein innres Leben ist bei dir, und mein Reich ist nicht von dieser Welt.«

Freilich, Krisen blieben dem Verhältnis nicht erspart, Wochen schwerer Verstimmung, deren Ursachen wir nicht immer kennen, aber in Goethes dämonischer Leidenschaftlichkeit suchen dürfen; bedeutet doch schon diese ganze künstliche Minne, so wie Goethe sie wünschte und verwirklichte, eine ungeheuerliche Bindung der gefeierten Frau. Aber

Goethes Natur war zu reich und zu gesundsinnig, um den Weg zum Heiligen zu Ende gehn zu können. Von Italien aus schreibt er an sie Worte, die seine Qual und zugleich den tiefsten Grund seiner Vergötzung dieser Frau enthüllen: »... Ach liebe Lotte, du weißt nicht, welche Gewalt ich mir angetan habe und antue, und daß der Gedanke, dich nicht zu besitzen mich doch im Grunde, ich mags nehmen und stellen und legen, wie ich will, aufreibt und aufzehrt. Ich mag meiner Liebe zu dir Formen geben, welche ich will, immer, immer – Verzeih mir, daß ich dir wieder einmal sage, was so lange stockt und verstummt. Wenn ich dir meine Gesinnungen, meine Gedanken der Tage, der einsamsten Stunden sagen könnte ...«

Da Charlotte auf solche Anmutungen nicht eingehen konnte, nach ihrer Natur wie Lebensauffassung, bereitete sie selber den schließlichen Bruch vor. Der zum Manne reifende, mit (selbstgewählter) Arbeit überlastet, von (selbstgewählter) Entsagung gepeinigt, empfand – etwa von 1783 an – seinen Zustand als unnatürlich und unerträglich. Gegenüber dem Jünger zarter, weltabgewandter Sittlichkeit verlangte der Mensch und Künstler sein Recht; in der Wucht dieses Umschwungs ist die Seelen-Ehe mit Charlotte von Stein zerbrochen.

Von der Gewalt, die alle Wesen bindet,
Befreit der Mensch sich, der sich überwindet.

INNERES LEBEN

Oft hat Goethe der Freundin bekannt, nur ihr die seelische Kraft zu verdanken, die er in der täglichen Selbsterziehung, Selbstverleugnung, Selbstopferung des ersten Jahrzehnts einsetzte. In Wahrheit ist es der ewig denkwürdige Kampf der sich bildenden Gesamtpersönlichkeit gegen einen Teil, gegen das Dichtertum; und es heißt Goethe gründlich verkennen, wenn man um die nichtgeschriebenen Werke klagt. Zu deutlich spricht er selbst in Briefen und Tagebuchstellen, wie die freiwillig übernommene Last seiner Amtspflichten ihn stärke und stähle. Es war eine übermenschliche Last, nicht nur an oft recht alltäglicher Arbeit, sondern auch in Hinsicht der Geduld, die er üben, der Rücksichten, die er nehmen, der Enttäuschungen, die er verwinden mußte. »Mir möchten manchmal die Knie zusammenbrechen, so schwer wird das Kreuz, das man fast ganz allein trägt.« – »Das Elend wird mir nach und nach so prosaisch wie Kaminfeuer, aber ich lasse doch nicht ab von meinen Gedanken und ringe mit dem unerkannten Engel, sollt ich mir die Hüfte ausrenken. Es weiß kein Mensch was ich tue und mit wie viel Feinden ich kämpfe, um das wenige hervorzubringen. Bei meinem Streben und Streiten und Bemühen bitt ich euch, nicht zu lachen, zuschauende Götter. Allenfalls lächlen mögt ihr und mir beistehn.« Und bald nach dieser Tagebuchstelle des Jahres 1779 ein »stiller Rückblick aufs Leben, auf die Verworrenheit, Betriebsamkeit, Wißbegierde der Jugend. Wie ich besonders in Geheimnissen, dunklen imaginativen Verhältnissen eine Wollust gefunden habe. Wie ich alles Wissenschaftliche nur halb angegriffen und bald wieder habe fahren lassen, wie eine Art von demütiger Selbstgefälligkeit durch alles geht was ich damals schrieb. Wie kurzsinnig in menschlichen und göttlichen Dingen ich mich umgedreht habe. Wie des Tuns, auch des zweckmäßigen Denkens und Dichtens so wenig, wie in zeitverderbender Empfindung und Schatten-Leidenschaft gar viel Tage vertan, wie wenig mir davon zu Nutz kommen, und da die Hälfte nun des Lebens vorüber ist, wie nun kein Weg zurückgelegt, sondern vielmehr ich nur dastehe, wie einer, der sich aus dem Wasser rettet, und den die Sonne anfängt wohltätig abzutrocknen. Die Zeit, daß ich im Treiben der Welt bin seit 75 Oktober, getrau ich noch nicht zu übersehen. Gott helfe weiter und gebe Lichter, daß wir uns nicht selbst so viel im Weg stehn. Lasse uns vom Morgen zum Abend das Gehörige tun und gebe uns klare Begriffe von den Folgen der Dinge. Daß man nicht sei wie Menschen, die den ganzen Tag über Kopfweh klagen und gegen Kopfweh brauchen und alle Abend zu viel Wein zu sich nehmen. Möge die Idee des Reinen, die sich bis auf den Bissen erstreckt, den ich in Mund nehme, immer lichter in mir werden.« Und 1780 schreibt er eben da: »In meinem jetzigen Kreis hab ich wenig, fast gar keine Hinderung außer mir. In mir noch viele. Die menschlichen Gebrechen sind rechte Bandwürmer, man reißt wohl einmal ein Stück los, und der Stock bleibt immer sitzen. Ich will doch Herr werden. Niemand als wer sich selbst verläugnet, ist wert zu herrschen und kann herrschen. Was ich trage an mir und andérn, sieht kein Mensch. Das Beste ist die tiefe Stille, in der ich gegen die Welt lebe und wachse, und gewinne, was sie mir mit Feuer und Schwert nicht nehmen können.«

Was hier in der innersten Zwiesprache mit sich erklingt, ist das Thema seiner gleichzeitigen Dichtung und vertraulichen Briefe. Bei Übersendung der Iphigenie schreibt er 1782 an Jacobi: »... Ich habe unsäglich ausgestanden... Laß mich ein Gleichnis brauchen. Wenn du eine glühende Masse Eisen auf dem Herde siehst, so denkst du nicht daß soviel Schlacken drin stecken als sich erst offenbaren wenn es unter den großen Hammer kommt. Dann scheidet sich der Unrat den das Feuer selbst nicht absonderte und fließt und stiebt in glühenden Tropfen und Funken davon und das gediegene Erz bleibt dem Arbeiter in der Zange. – Es scheint als wenn es eines so gewaltigen Hammers bedurft habe um meine Natur von den vielen Schlacken zu befreien, und mein Herz gediegen zu machen. – Und wieviel, wieviel Unrat weiß sich auch noch da zu verstecken.«

Der Götz- und Werther-Dichter trug sein Herz auf der Zunge, liebte und haßte parteiisch; der Reifende lernte die Menschen vorsichtiger behandeln und sich selber sparsamer einsetzen. An sich und andern erfuhr er die Macht des »engen Schicksals«, und gerade der Mächtige, umschmeichelt und beneidet, hatte Veranlassung, sich im Verkehr mit der

Welt vorzusehen. Er schreibt 1778 aus Berlin: »Gleichmut und Reinheit erhalten mir die Götter aufs Schönste, aber dagegen welkt die Blüte des Vertrauens, der Offenheit, der hingebenden Liebe täglich mehr. – – Je größer die Welt, desto garstiger wird die Farce, und ich schwöre, keine Zote und Eselei der Hanswurstiaden ist so ekelhaft als das Wesen der Großen, Mittleren und Kleinen durcheinander.« So führte er die Mauer um sein Herz höher und höher, und der einst überströmend Offene wurde verschlossen und verschwiegen: »Ich verlange nicht mehr von den Menschen als sie geben können, und ich bringe ihnen wenigstens nicht mehr als was sie haben wollen, wenn ich ihnen gleich nicht alles geben kann, was sie gern möchten. Die Seele aber wird immer tiefer in sich selbst zurückgeführt, je mehr man die Menschen nach ihrer und nicht nach seiner Art behandelt.«

So wird jenes »Selig, wer sich vor der Welt ohne Haß verschließt« (1778) ergänzt durch tatkräftige und bewußte Güte. Nicht nur der Staatsmann wollte »heilen und retten, alles Irrende, Schweifende nützlich verbinden«, auch der Privatmensch opferte viel von seinem Einkommen wie seiner Zeit einer verborgenen Wohltätigkeit und trug neben dem Schicksal des Landes die kleineren Schicksale seiner nicht immer bequemen Schutzbefohlenen. An einen von ihnen schreibt er 1781 Worte, die wie eine Frucht seiner Selbsterziehung anmuten: »Das Muß ist hart, aber beim Muß kann der Mensch allein zeigen wie's inwendig mit ihm steht. Willkürlich leben kann jeder!«

Und spricht in jener ersten Stadt der Welt
Nicht jeder Platz, nicht jeder Stein zu uns?
Wie viele tausend stumme Lehrer winken
In ernster Majestät uns freundlich an!

Das zweite Jahrzehnt 1786—1794

ITALIENISCHE REISE

Im Juli 1786 verließ Goethe Weimar, um – zum erstenmal – in Karlsbad Kur zu machen; Anfang September »stahl er sich fort«, nach Italien; im Juni 1788 ist er wieder in Weimar eingetroffen. Diese zwei Jahre der Abwesenheit, ja einer nur durch Briefe unterbrochenen Absonderung von Deutschland sind eine Wende in Goethes Leben, nicht weniger bedeutend als die Übersiedelung von Frankfurt nach Weimar. Gewisse Bestrebungen und Entscheidungen des ersten Jahrzehnts reiften in diesem Doppeljahr so heimlich wie sinnfällig, so rasch wie naturhaft-folgerichtig; das Ergebnis sieht dennoch den Anfängen unähnlich wie die Frucht der Blüte.

Auch Goethe sind die Forderungen und Möglichkeiten des Unternehmens erst nach und nach deutlich geworden; was wie eine Improvisation begann, als »unbestimmter Urlaub« eines verarbeiteten Beamten, wuchs nur allmählich in den Geistes- und Seelenraum einer völligen menschlich-künstlerischen Verjüngung, einer »zweiten Pubertät«. Ermöglicht, fast veranlaßt hat das zweijährige Ausbleiben seines Ministers Carl August selbst, der durch hochsinniges Verständnis und das Zartgefühl wahrer Freundschaft jetzt vergalt, was Goethe für ihn getan und gewesen.

Der italienische Aufenthalt zerfällt in vier kurze und einen langen Abschnitt. Unter dem Decknamen eines Kaufmanns eilte der Sachsen-Weimarische Geheimerat auf kaum unterbrochener Fahrt, in ängstlich-seligem Taumel, über den Brenner und den Gardasee nach Venedig. In vierzehn Tagen hat er »mit den Augen des Geistes« die »Biberrepublik« bis zum Grunde durchgeschaut, sie als Erzeugnis ihrer geographischen Lage begriffen, dazu als Dichter und Biologe das Meer erlebt. Dann trieb ihn eine fast krankhafte Hast nach Rom, das ihm durch Schilderungen und Bilder seit früh vertraute. Hier erst atmete er auf. Als Genosse und Gönner deutscher Künstler verbrachte er vier Monate, ein glückseliger Student der ewigen Stadt, dem freilich zuerst »alles mehr Mühe und Sorge als Genuß« wurde. Im Februar 1787 entschloß er sich, statt schon heimzukehren, nach Groß-Griechenland und nach Sizilien zu gehn. Wenn ihn Neapels Schönheit und überquellende Lebenslust in eine »Art von trunkener Selbstvergessenheit« versetzte, so durchlebte er die sechs sizilischen Frühlingswochen gar in einem schöpferischen Wach-Traum, bald in den homerischen »Garten des Alkinoos« und der Nausikaa entrückt, bald in den »Weltgarten« der »Urpflanze«, die er in der fremden Deutlichkeit subtropischer Vegetation wahrzunehmen wähnte, bald in den Raum geologisch-wirtschaftlicher Zusammenhänge. Die Tempel von Paestum, auf der Hin- und Rückfahrt besucht, enthoben ihn mit ihrer archaischen Großheit für Augenblicke den Winckelmannschen Vorstellungen, denen er sich auf die Dauer doch nicht entwinden sollte.

Wieder in Rom, übersah er jetzt erst, was ihm hier gegeben und aufgegeben war. Er faßte den Entschluß zu bleiben, und hat hier vom Juni 1787 an zehn Monate angestrengtester Arbeit verbracht, dichtend, zeichnend, modellierend, Anatomie treibend, eindringender Betrachtung der Kunst, der Geschichte, der Botanik und des Lebens hingegeben; vor allem versuchte er im Studium der menschlichen Gestalt seine plastische Begabung bis zum Äußersten zu schulen und zu erproben - mit dem Ergebnis, daß er sie als unzureichend erkannte. Ende April 1788 hat er »die Hauptstadt der Welt« verlassen; den wortlosen Schmerz des Abschieds muß doch immer wieder das Bewußtsein überwogen haben, welchen Gewinn er aus Italien heimgebracht.

Zu Anfang der Reise und in jenem Augenblick, wo er vorzeitig zurückzumüssen glaubte, hat Goethe an Charlotte unbewußt Worte furchtbarer Härte geschrieben: »Ich habe nur e i n e Existenz, diese hab ich diesmal g a n z gespielt. Komm ich um, so komm ich um. Ich war ohnedies zu nichts mehr nütze.« – »Wie das Leben der letzten Jahre wollt ich mir eher den Tod gewünscht haben....« Es sind Klänge einer inneren Entzweiung, die das Dasein selbst aufzuheben droht; so als senke sich über Orest wieder die Wolke des Fluchs. Der Gründe und Ursachen solcher Verzweiflung sind bei Goethe viele, von körperlichen und nervösen Beschwerden bis zu tiefer seelisch-geistiger Not.

Die erste und letzte Wohltat war dem nach Thüringen verschlagenen, des Lichtes und der Wärme bedürftigen Rheinländer das italienische

Klima. Gleich zu Anfang der Fahrt heißt es schon: »Die Sonne scheint heiß, und man glaubt wieder einmal an Gott«, und das Behagen eines leichteren und natürlicheren Daseins spricht aus allen seinen italienischen Briefen. Er, der als Deutscher so oft gegen den Geist der Schwere zu ringen hat, empfand das Glück, »unter einem rein sinnlichen Volk zu leben«; die Naivität mittelmeerischen Daseins und Fühlens hat ihn manches Mal gelöst, ja ihn, lange vor allen Philologen, den homerischen Menschen in diesem Lichte sehn lassen. Das »Allgemein-Menschliche«, wie er und seine Zeit es suchte, konnte ihm auch nicht liebenswürdiger entgegentreten als in dem zu Natur gewordenen Takt- und Formgefühl des Italieners aller Stände. Der großen Welt hat er sich dabei lange fern gehalten, sie zu studieren aber Gelegenheit genug gefunden, liegen doch die einzigen drei Großstädte, die er kennengelernt hat, in Italien. Rom vor allem war kaum weniger als Paris ein Stelldichein der damaligen europäischen Gesellschaft, zudem jedem andern Ort überlegen durch Alter, Menge und Bedeutung geschichtlicher Denkmäler und die Buntheit kirchlich-volkstümlicher Feste. Rechnet man dazu die sinnlichen und geistigen Eindrücke der Reise vom Karlsbad bis nach Girgenti, so ergibt sich ein unendlicher Weltstoff, den Goethe sich zugeführt hat, nachdem das mitteldeutsche Garn abgesponnen war; seine faustische Seele, die »gar sehr der Weite bedurfte«, hat bis ans Ende seiner Tage daran Genüge gehabt.

Der verstandesmäßig praktische, bis zur Freigeisterei zweiflerische Sinn des Romanen, zumal des

Römers, eine Erbschaft alter Kultur und neuerer Mißherrschaft, konnte nicht verfehlen, bei Goethe die Reste jünglinghaft lyrischer Haltung auszuräumen; jetzt erst vollendete er sich zum Mann von Welt, der Abstand wahrt und seine Gefühle beherrscht. Auch das verkrampfte Triebleben des 38jährigen hat sich damals, in den Beziehungen zur römischen Faustina, gelöst zu jenem Einklang Leibes, Geistes und der Seele, der in den Römischen Elegien mit der innigen Gewalt eines menschlichen Evangeliums spricht.

Aber wie unabdinglich und heilsam solche Erfahrungen und Erlebnisse auch waren, sie bilden doch nur die Grundlage für den Ausbau höherer, künstlerischer und weltanschaulicher Gedanken. Zunächst: der Augenmensch und »Feind aller Wortschälle« kam endlich »zum Schauen der Dinge, die man von Jugend auf mit den Augen des Geistes gewaltsam vergeblich herbeigezogen«; er konnte jetzt »was schön, groß, ehrwürdig gehalten wird, . . . mit eigenen Augen sehn und erkennen«. Die Worte zeigen den Iphigeniendichter den klassizistischen Wertungen der Zeit verhaftet; er war es mit der ganzen Einseitigkeit des Genies. Werke andern Stils und Kunstwillens, vom Frühchristentum bis zum Barock, in Italien so viel reicher und ursprünglicher als die des klassischen Altertums, hat er bewußt oder unbewußt übersehn, anderseits z. B. das halb semitisch-berberische Sizilien als griechischen Raum erlebt, und, wie seine Zeitgenossen, flaue Kopien aus römischer Kaiserzeit als Meisterwerke verehrt.

In solchen Irrtümern spricht ein tieferes Bedürfnis,

und hier, wenn je, gilt sein übervernünftiger Spruch »Was fruchtbar ist, allein ist wahr«. Heinse, der vier Jahre vor Goethe desselben Weges gefahren, hat weit empfänglicher, freilich auch flacher Impressionen aus Leben und Kunst gesammelt; Goethe trat Italien mit tieferen Fragen und Forderungen gegenüber, mit den tiefsten, die je einen Menschen auf diesem Boden bewegt haben. Wählerischen, unverpflichtenden Kunstgenuß hat er nicht gesucht; ähnlich wie Winckelmann, nur unvergleichlich umfassender ordnet er das ästhetische Erlebnis dem ethisch-metaphysischen Wertgebiet ein. »Die Gestalt dieser Welt vergeht. Ich möchte mich nur noch mit den bleibenden Verhältnissen beschäftigen« schreibt er, und ein andermal: »So lebe ich denn glücklich, weil ich in dem bin, was meines Vaters ist.« Der Gebrauch dieser biblischen Ausdrücke verrät – nicht anders wie die zu Anfang zitierten Worte der Not –, daß hier Wurzeln der Existenz berührt werden. Goethe hat in der klassischen Kunst, vor allem in der griechischen Plastik und bei Raffael, jene Vollkommenheit eines von allem Persönlichem befreiten, rein sachlich-zweckmäßigen Seins gesehn, wie sie die Natur selbst jedem Lebewesen zuerteilt, und er hat solches Sein als gesteigerte Fortsetzung der Gottnatur verehrt: »Alles Willkürliche, Eingebildete fällt zusammen; da ist Notwendigkeit, da ist Gott.« Form und Inhalt sind eines in den Werken, die das Typische, immer und überall Gültige darstellen, die Stil haben. In gleicher Weise zeigen sie das immer eine unsichtbare göttliche Gesetz in unendlich vielen sichtbaren Variationen – so wie alle Pflanzen als Abwandlungen der einen Urpflanze aufzufassen sind: »Natur und Kunst, sie sind nicht mehr zu trennen.«

Mit solchen Anschauungen war der Künstler aus der spielerischen und dienenden Rolle befreit, die ihm das Rokoko gegeben; ihm war die höchste Würde zuerkannt: schaffender Spiegel des göttlichen Alls zu sein. Im Zweifel an der Erheblichkeit der Dichtkunst hatte sich Goethe im ersten Jahrzehnt eine künstlerische Betätigung fast verboten, und diese unnatürliche Entsagung hat sicher den größten Anteil an den »physisch-moralischen Übeln«, die ihn nach Italien trieben. Jetzt sah er sich wiederhergestellt, sich wieder an einen Ort höchster Pflichten und Ansprüche gestellt, und die Schwere eines späten Glücks klingt in den Worten, die er Carl August schreibt: »Ich habe mich in dieser anderthalbjährigen Einsamkeit wiedergefunden. Aber als was? – Als Künstler!« In erbarmungsloser Ungerechtigkeit blickte er jetzt auf die »titanischen Ideen und Luftgestalten« seiner Geniezeit zurück. Höchste Sachlichkeit ist ihm jetzt zugleich höchste Kunst; so erlebt er Mantegna, Raffael, Homer und die griechische Plastik und lernt von ihnen, »die Dinge hinzusetzen, daß sie nun einmal so, und nicht anders dastehn«.

Wie kein anderer Mensch hat dabei der italienische Goethe der Gefahr widerstanden, sich in der Betrachtung des Gewesenen zu erschöpfen oder gar sich in Empfindelei zu verlieren. Die Zerstörung der alten Welt drückte ihn nicht nieder, vielmehr gewahrt er gerade unter den Ruinen Roms das Fort-

und Höherleben des Tüchtigen und Guten: »Die Peterskirche ist gewiß so groß gedacht, und wohl größer und kühner als einer der alten Tempel, und nicht allein was zweitausend Jahre vernichten sollten, lag vor unseren Augen, sondern zugleich, was eine gesteigerte Bildung wieder hervorzubringen vermochte.« –

Der Versuchung, sein ferneres Leben in diesem Lande zu verbringen, widerstand er aus Pflichtgefühl und aus Liebe zum Herzog und seinem Vaterland. Er kehrte zurück, »wirklich umgeboren und erneuert und ausgefüllt«, im Geist »vom Endlich-Unendlichen einen sicheren, ja klaren und mitteilbaren Begriff«, und guten Willens, seine neuen Einsichten in die Natur und in die Kunst, die das Hochziel eines erhöhten Menschentums aufrichteten, der Nation zu übermitteln – ihr größter Erzieher seit Luther. Er konnte es mit um so freierem Herzen tun, als er in der Zeit des Urlaubs sein dichterisches Jugendwerk in einer ersten Gesamtausgabe vorgelegt und damit von sich abgetan hatte. Bezeichnend für seine damalige Geltung ist es, daß diese Ausgabe seiner »Schriften« (acht Bändchen, bei Göschen) nur 550 Subskribenten gefunden hat.

. . . gedenk ich der Zeiten,
Da mich ein graulicher Tag hinten im Norden umfing,
Trübe der Himmel und schwer auf meinen Scheitel sich senkte,
Farb- und gestaltlos die Welt um den Ermatteten lag . . .

HEIMKEHR

Der sich schwer genug aus der italienischen Traumwirklichkeit in den »graulichen Tag« des Nordens zurückgezwungen, fand Freunde wie Vaterland tief verändert: es war vielmehr er, der in fast zweijähriger ungeheurer Arbeit ein andrer geworden war. In der Literatur triumphierte neben platter Aufklärung der Sturm und Drang Heinses und Schillers; dieser hatte sich inzwischen in Weimar selbst niedergelassen und gab durch wenig freundliche Besprechungen Egmonts und der Iphigenie die Absicht zu erkennen, sich neben Goethe zu stellen. Die früheren Weimarer Freunde konnten sich in den tief Verwandelten nicht finden, konnten den Vorsprung, den er in Italien gewonnen, nicht einholen. Jetzt erst sah er sich allein.

Tief enttäuscht verzichtete Goethe auf die Durchführung seiner Bildungspläne; auch die Dichtung trat zurück; neben der Leitung des Hoftheaters beschäftigten ihn jetzt Arbeiten auf dem neuen Gebiet der Optik, Arbeiten, die ihn wieder in erbitterte Gegnerschaft zur damaligen Wissenschaft brachten.

Zutiefst aber traf ihn die endgültige und offene Zerstörung seiner Freundschaft mit Charlotte von Stein. Mit nachtwandlerischer Unbefangenheit hatte Goethe ihr seine nach Italien zielenden Gedanken, Pläne und Vorbereitungen verborgen. Als er nach dem Süden ging, vermutete sie ihn auf einer sechswöchigen Reise durch Böhmen und erfuhr erst nach Monaten, wo in der Welt ihre Gedanken ihn suchen sollten. Die gealterte, starrer gewordene Frau war nicht so weise, um zu verstehn, nicht so großmütig, um zu verzeihen, nicht so selbstlos, um zu verzichten. Dem in Italien Auflebenden folgten ihre Vorwürfe, den Heimgekehrten behandelte sie mit unkluger Bitterkeit, bis die Entdeckung seines Verhältnisses zu

Christiane Vulpius im Sommer 1789 einen Bruch herbeiführte, der erst nach Jahren notdürftig gekittet worden ist. Ihr Schicksal – wie das aller Freunde Goethes – war es, nur einige Saiten seiner großen Harfe zum Tönen bringen zu können; ihre Tragik, daß sie von dem eigenen, engeren Wesen aus Goethe beurteilt und »Abfall« gesehen hat, wo nur der Rhythmus eines unbegreiflich reichen Lebens sich sein Recht nahm.

Goethe hat darum nicht weniger gelitten; die Klagelaute zu Ende des vierten Aktes von Torquato Tasso gehören den Monaten des Bruches an; und ein ungedruckt gebliebenes Distichon spricht aus, was er sonst verschwiegen hat:

Ja, ich liebte dich einst, dich wie ich keine noch liebte;
Aber wir fanden uns nicht, finden uns ewig nicht mehr.

Neigung besiegen ist schwer; gesellt sich aber Gewohnheit,
Wurzelnd, allmählich zu ihr, unüberwindlich ist sie.

CHRISTIANE

Wenige Wochen nach seiner Rückkehr trat dem Minister Goethe im Weimarer Park Christiane Vulpius entgegen, um ihm eine Bittschrift ihres Bruders zu überreichen, eines von Goethe früher öfter unterstützten Schriftstellers; in jäher Sinnlichkeit nahm er sie in sein Gartenhaus, italienische Gewohnheiten in Deutschland erneuernd. Die dreiundzwanzigjährige Blumenfabrik-Arbeiterin aus heruntergekommenem Kleinbürgerhaus, ungebildet und von einer gewöhnlichen Hübschheit, war ihm zunächst nur Triebwesen, nur Leib, – wie ihn Goethe am griechischen Marmor und bei den Modellen der römischen Studios erlebt hatte. Sie wußte nichts von seiner Bedeutung noch Arbeit, und Goethe, der so lange als übersinnlich-sinnlicher Freier um Frau von Stein geworben, empfand das Beglückende dieser einfachen Hingabe. Im Frühjahr 1789 war sie in Umständen; das Abenteuer wurde ernsthaft, und Goethe brachte es nicht über sich, das ihm blind vertrauende Geschöpf im Stich zu lassen, zumal er sie weiterhin »leidenschaftlich liebte«. Weihnachten 1789 kam August zur Welt, von im ganzen fünf Kindern das einzige, das am Leben geblieben ist. Christiane wuchs in die damals so umfangreichen Pflichten einer Hausfrau hinein und erfüllte sie in dem sehr großen und unruhigen Haushalt musterhaft: zum erstenmal seit Frankfurt erlebte Goethe wieder häusliches Behagen. Allmählich übernahm Christiane höhere Aufgaben: ihre unersättliche Freude am Theater machte sie für Goethe zur willkommenen, bald unentbehrlichen Kritikerin der Vorstellungen, die er nicht besuchen konnte; mit ihrer Gutherzigkeit war sie die geborene Mittlerin zwischen dem Theaterleiter und den Schauspielern; ihren Mutterwitz und natürlichen Frauenverstand, auch ihre noble Gesinnung hat er immer mehr zu schätzen gewußt.

So wuchsen diese Beziehungen im Laufe der achtundzwanzig Jahre über die Stufe ihres Anfangs weit hinaus, und wenn der Weimarer Klatsch, vor allem der unwürdige Haß der Frau von Stein Christiane alles Erdenkliche nachgesagt hat, so spricht Goethes

Verhalten, auch das Entzücken seiner Mutter über das »unverdorbene herrliche Gottesgeschöpf« eine andere Sprache.

Freilich bleibt des Wunderlichen genug in dieser Ehe. Einiges davon deutet die Elegie Amyntas an. – »Das Reich des Geistes existiert für sie nicht« hat Goethe von ihr gesagt: jene Spiegelung des Daseins, welche die Kunst und die Wissenschaft geben, war ihrer völlig naiven Natur nicht zugänglich. Goethes Zeitgenossen fanden es schwer erträglich, den größten neueren Dichter an der Seite eines solchen Wesens zu sehn; er selbst hat anders empfunden. Ein weiblicher Schöngeist, der menschlich und geistig Ansprüche stellte, hätte seine jetzt ganz in sich ruhende Natur und seine unermeßliche Tätigkeit nur gestört; er hat immer etwas spöttisch bedauernd auf Schillers »Weiber«, seine Frau und seine Schwägerin, hingeblickt. Statt dessen konnte er seiner Lebensgefährtin Arbeiten und Pflichten zuschieben, die ihm selbst lästig waren; konnte ihr auch die langen Abwesenheiten (drei bis sieben Monate jährlich) zumuten, die Amt, Hof oder die Rücksicht auf eigene Arbeit nötig machten. Dafür nahm er anderes in Kauf, wie Christianens nicht immer taktvolle Vergnügungssucht und Tanzlust, auch den jahrzehntelangen Bann der Weimarer Gesellschaft, den die späte Legitimierung des Verhältnisses, nach der Schlacht von Jena, erst allmählich gelockert hat.

Daß die französische Revolution auch für mich eine Revolution war, kannst du denken.
(an Jacobi 1790)

DIE FRANZÖSISCHE REVOLUTION

Höfische Pflichten nötigten Goethe im Frühjahr 1790 zum zweiten und letzten Male nach Italien: in Venedig verbrachte er sieben unerquickliche Wochen, die seiner Traumliebe für das Land und das Volk einen Stoß versetzten; der Herbst verschlug ihn im Gefolge des Herzogs tief nach Polen und gab dem Natur- und Menschenforscher reiche Ausbeute in der östlichen Welt. Im Herbst 1792 machte er dann, wieder im Gefolge Carl Augusts, die berühmte »Kampagne« nach Frankreich mit, im Folgejahr die Belagerung von Mainz; beide Male sah er seine Mutter, die jetzt erst – inmdestens aus seinem Munde – seine Verbindung mit Christiane und die Existenz eines dreijährigen Enkels erfuhr.

Diese Feldzüge sind schon Folgen der Großen Revolution, deren Vorboten Goethe bereits 1785 bis zum Wahnsinn entsetzt hatten. Sie traf den Vierzigjährigen, der eben die Saat einer neuen Bildung hatte ausstreuen wollen, schwer und ließ ihn den Zusammenbruch der Welt ahnen, der er angehörte; ihre weitergehenden Erschütterungen haben sich bis in sein sechsundsechzigstes Lebensjahr hingezogen, die Arbeit des kräftigsten Mannesalters immer wieder verstörend, freilich nicht ohne neue Quellen in ihm aufzuschließen.

Im Unterschied von den meisten geistigen Wortführern Deutschlands stand Goethe der Revolution ablehnend gegenüber; er hat darüber manche frühere

Beziehung eingebüßt. Der Staatsmann wie der Kulturpolitiker und Mensch konnten sich nichts Gutes von dem »schrecklichsten aller Ereignisse«, der »fürchterlichen Bewegung« versprechen; schon seine Arbeit am Egmont (1788) sah er in diesem Licht; die Venezianischen Epigramme (1790) finden bitterste Worte gegen Demagogen, Schwärmer und das ewig unmündige Volk. In einer Reihe meist unvollendeter und unzulänglicher Dichtungen hat er sich mit dem ungeheuren Geschehen auseinander gesetzt, es aber erst in Hermann und Dorothea (1796) und der Natürlichen Tochter (1799) gedanklich und künstlerisch bewältigt.

Erst unsre Tage können, aus ähnlichem Erleben, ermessen, wie die Revolution auf Goethe gewirkt haben muß. Es war ein seelischer und geistiger Klimasturz, dem der Sohn des zärtlichsten Zeitalters sich nur langsam und unter Schmerzen anzupassen vermochte. Einen grimmigen Trost hat er damals (1792) im Reineke Fuchs gefunden, »wenn auch hier das Menschengeschlecht sich in seiner ungeheuchelten Tierheit ganz natürlich vorträgt.«

Entbehren sollst du! sollst entbehren!
Das ist der ewige Gesang,
Der jedem an die Ohren klingt,
Den, unser ganzes Leben lang,
Uns heiser jede Stunde singt.

INNERES LEBEN

Das Versagen einstiger Freunde und Bundesgenossen, der Bruch mit Charlotte, die Verbindung mit Christiane, das Erlebnis der Revolution und die durch sie verursachte Entfremdung Andersgesinnter, die fürchterlichen Erfahrungen der Feldzüge – alles dies veränderte Goethe gegenüber seinen italienischen Studentenjahren, noch stärker im Vergleich zum ersten Weimarer Jahrzehnt. In welchem Licht mögen ihm jetzt jene Jahre grenzenloser Hingabe und Seelenwerbung erschienen sein! Die mephistophelische Ader seines Wesens fand Anlaß genug zu Spott und Selbstverhöhnung, während zugleich eine immer größere Welterfahrung ihn von den, in der aufgeregten Zeit doppelt beschränkten, Zeitgenossen trennte. Er wurde noch schweigsamer und unnahbarer; man klagte über seine steife Kälte und »vornehme Gleichgültigkeit«, – hinter der sich freilich oft die Verlegenheit verbarg, sich mit den Menschen überhaupt verständigen zu können. Scharfe Beobachter indessen erkannten hinter dem fast philisterhaften Bürger, dem würdebetonten Geheimderat, dem zynischen Weltmann die tiefe Schwermut eines grenzenlos enttäuschten und zerrissenen Herzens, das »unbefriedigt jeden Augenblick« Mühe hatte, Grimm und Gram einzuschränken.

Nur ein scheinbarer Gegensatz dazu ist das häusliche Behagen, in dem er sich damals gefiel. Seit ihm der Herzog 1792 das Haus am Frauenplan geschenkt hatte, führte er hier, inmitten sich immer mehrender Sammlungen, das Leben eines Geistesfürsten zugleich und eines bequemen Hausvaters, der sich auf die besten Weine und Würste versteht und es nicht für einen Raub hält, um die Auffüllung der Vorräte selbst bemüht zu sein. Es ist das Stück Philistertum, das dem Genius gegenüber dem bloßen Talent eignet.

Zugleich war er aber mit Energie weiter tätig auf allen Gebieten des Hof- und Staatslebens, der Wissenschaften und Künste, nicht zuletzt auch der Dichtung. Hier trat er jetzt, nach der Dramatik und Lyrik der Jugend, in sein episches Alter: enthalten schon die Römischen Elegien und die Venezianischen Epigramme mehr Zuständliches als rein Lyrisches, so gibt die »unheilige Weltbibel« des Reineke Fuchs ein, wenn auch satirisches, Bild des Lebensganzen, erst recht der Wilhelm Meister, den er von 1794 an umformte und vorläufig abschloß.

Das dritte Jahrzehnt 1794—1806

Seine durchgewachten Nächte
Haben unsern Tag erhellt.

SCHILLER

Die Umarbeitung und Vollendung des »Meisters« (1794 bis 1796) erfolgte bereits unter immer stärker werdender Teilnahme Schillers, der, lange von Goethe gemieden, sich durch eigene Läuterung und Leistung den Platz an seiner Seite erobert hat. Die Naturen der beiden Männer waren so verschieden wie ihre Herkunft und ihr Bildungsgang; viel hatten beide zu überwinden, ehe und nachdem sie zueinander gefunden; was ihre Verbindung ermöglicht, erhalten und zu einer Freundschaft erwärmt hat – trotz gelegentlicher Rückschläge –, ist das gemeinsame Ziel und der gemeinsame Weg: die Bildung des Deutschen durch das Griechentum. Indem Schiller in Goethe eine »naive« Natur nach Art der Alten wahrnahm und neidlos verehren lernte, stärkte er in ihm das erwachende Dichtertum und belebte zugleich wieder jene kunstpolitischen Absichten, die Goethe nach der italienischen Reise hatte begraben müssen: jetzt, in froher Arbeitsgemeinschaft mit dem jüngeren, entschiedeneren und zugleich lebensklugen Kampfgenossen, durfte er hoffen, sie durchzusetzen. In Theorie und Praxis, im vernichtenden Angriff der Xenien wie in der eigenen dichterischen Leistung haben die Beiden, durch ihren Bund Unüberwindlichen das Werk Winckelmanns und Lessings fortgesetzt und der Nation nach einem halben Jahrtausend der Leere eine zweite dichterische Klassik geschenkt.

Für Goethe »war es ein neuer Frühling, in welchem alles froh nebeneinander keimte und aus aufgeschlossenen Samen und Zweigen hervorging«. Als Schiller nach fünfzehn Jahren heldenhaften Ringens gegen sein tödliches Leiden 1805 starb, verlor Goethe »die Hälfte seines Daseins« und fühlte sich »wie vernichtet«; in der Erinnerung rückte ihm der Abgeschiedene immer höher, bis er ihm im Alter eine »Christus-Tendenz« zuerkannt hat.

Sie zogen aus,
Als hätte der Olymp sich aufgetan.

FRÜHROMANTIK

Um die Jahrhundertwende unterhielt aber Goethe gleichzeitig auch mit Schillers bittersten Feinden, den Frühromantikern, persönliche und sachliche Beziehungen, die in ihrer Gesamtheit für ihn nicht weniger fruchtbar gewesen sind. Diese Generation der um 1770 Geborenen: August Wilhelm und Friedrich Schlegel, Schelling, Novalis, Tieck und Caroline, erneuerten Bestrebungen des jungen Goethe, begleiteten aber zugleich seine klassischen Absichten und Leistungen mit kongenialem Einfühlungsvermögen. Novalis schreibt 1798: »Goethe ist jetzt der wahre Statthalter des poetischen Geistes auf Erden«; Friedrich Schlegel nennt »die französische Revolution, Fichtes Wissenschaftslehre und Goethes Meister die größten Tendenzen des Zeitalters«, und in Caroline begegnete Goethe die erste Frau, die sich an ihm heraufgebildet hat. Ihr späterer Gatte Schelling gar ist der einzige Philosoph, zu dem Goethe eine entschiedene Hinneigung und Geistesverwandtschaft bekannt hat. In diesem Kreis genialischer, ja faustischer Geister, die damals noch ungemessene Hoffnungen hegen und erregen konnten und für wenige Jahre das nahe Jena zu einem Brennpunkt deutschen Geisteslebens gemacht haben, fand Goethe einen Ersatz für das, was ihm Weimar schuldig blieb; oft siedelte er für viele Monate in die Nachbarstadt über.

Um so schmerzlicher hat er gezürnt, als manche dieser freien Geister ihren frühen Frieden mit den alten Mächten schlossen, weil ihnen vor ihrer Gottähnlichkeit bange wurde. Übrigens, was sie auf eine ihn abstoßende Art taten, erlebte Goethe wenig später in seiner Weise: den Zusammenbruch des selbstgewissen Humanitätsglaubens und eine Auflockerung ins Kosmische.

Den Tod dieses Mannes wünsche ich nicht zu überleben.

HEINRICH MEYER

Ein sehr ungenialer Freund, aber ein Charakter war der Schweizer Maler Meyer, Goethe von Rom her bekannt und von ihm an die Weimarer Kunstschule gezogen, sein Vertrauensmann in allen Fragen der bildenden Kunst, menschlich eine ganz reine Erscheinung, in Sachen seines Faches eng und von verhängnisvollem Einfluß auf Goethe. Für ihn war er gewissermaßen der Stellvertreter Winckelmanns, dessen Lebenswerk er in einer dreibändigen Antiken Kunstgeschichte fortgeführt hat. Doch hat sich Meyer auch mit Ernst, wenngleich ohne Erfolg um die Erkenntnis der deutschen Kunst, besonders des Mittelalters bemüht, deren Wesen die Begeisterung ihrer romantischen Entdecker eher verschleiert als enthüllt hatte.

Goethe versicherte sich seiner Mitarbeit für sein größtes wissenschaftliches Unternehmen, jene Kulturgeschichte Italiens, deren in anderm Zusammenhang noch zu gedenken ist. Als die dafür vorgesehene gemeinsame italienische Reise des Jahres 1797 durch den Krieg unmöglich gemacht wurde, hat Goethe, sich auf unmittelbar praktische Aufgaben beschränkend, mit Meyers Hilfe eine ähnliche kulturpolitische Tätigkeit auf dem Felde der bildenden Kunst aufgenommen wie mit Schiller im Gebiet der Dichtung. Er gab mit ihm von 1798–1800 die Kunstzeitschrift »Die Propyläen« heraus und erließ – unter der wunderlichen Firma der »Weimarer Kunstfreunde« – eine Reihe von Kunst-Preisausschreiben.

Meyer hat 12 Jahre lang, von 1791–1803, in Goethes Haus gewohnt, das er im klassizistischen Stil ausgestaltet hat; auch nach seiner Verheiratung blieb er der nächste Freund und Mitarbeiter Goethes, der ihm »eine himmlische Klarheit der Begriffe und eine englische Güte des Herzens« nachgerühmt hat.

Frech wohl bin ich geworden; es ist kein Wunder. Ihr Götter
Wißt, und wißt nicht allein, daß ich auch fromm bin und treu.

LEBEN

Mit diesen Bundesgenossen – der früh alternde Herder hielt nicht mehr mit und war mit dem einstigen Freunde längst zerfallen, als er 1803 starb – begründete Goethe in diesem Jahrzehnt seine Herrschaft im Reich des deutschen Geistes. Was der »Mönch« des ersten Jahrzehnts verschmäht hatte, ergriff der klassische Goethe, nicht bloß aus Ehrgeiz, sondern im Bewußtsein seiner Kraft und der daraus fließenden Verantwortung. Über die Schwere des Unternehmens gab er sich keinen Täuschungen hin: Verachtung des Publikums und seiner literarischen Lieblinge ist der Grundton der Xenien wie vieler sonstiger Äußerungen.

Der illusionslose Blick auf die Zeitgenossen (»Beseht die Gönner aus der Nähe! Halb sind sie kalt, halb sind sie roh«), und die Sorge für seine kleine Familie zeigen sich auch im Verhalten zu seiner eigenen Produktion. Der junge Goethe sprudelte alles hervor, was ihm in den Sinn kam; um das Entstandene kümmerte er sich so wenig, daß manches verlorengegangen ist, und an einen Gewinn aus seinem Talent dachte er noch weniger. Im ersten Jahrzehnt hat er nichts veröffentlicht – das erklärt den Mißerfolg der »Schriften«. Noch in den Römischen Elegien schreibt er 1788: »Der ich mich auf den Erwerb schlecht, als ein Dichter, verstand.« Jetzt änderte sich dies von Grund auf. Er lernte »die Poesie kommandieren«, zwang sich zu geregelter schriftstellerischer Tätigkeit, wobei er mit den verschiedenen Gebieten seiner Interessen abwechselte, um sich vor Ermüdung und Gewaltsamkeit zu bewahren, und wartete fast jährlich mit neuen Veröffentlichungen auf. So eroberte er sich in zäher Arbeit den Boden und erzog sich eine Gemeinde, wenn er auch in der allgemeinen Geltung noch lange hinter Modeschriftstellern zurückstehn mußte; auch die breiten Erfolge Schillers und Jean Pauls hat er nie gehabt. Doch kannte er natürlich seinen Wert und wußte im Verkehr mit Verlegern und Zeitschriften seinen Vorteil zu wahren: die Honorare, die er jetzt verlangte und durchsetzte, sind die höchsten, die damals bezahlt worden sind.

Seine Einnahmen aus diesen Quellen, aus seinem Ministergehalt und, später, seinem elterlichen Vermögen verwendete er in einem persönlich höchst einfachen Leben, das nur durch die Rücksicht auf ein seinem äußern und innern Rang entsprechendes Auftreten und durch seine Sammler-Liebhabereien größeren Stil und erhebliche Mittel verlangte.

TÄTIGKEIT

Schwerer Dienste tägliche Bewahrung.

Der Staat

Außer allgemeinen Weltbeglückungsgedanken und gutem Willen brachte der junge Frankfurter Rechtsanwalt wenig mit für die neuen Aufgaben, die ihm das Vertrauen seines, erst recht unerfahrenen, Freundes stellte, und es bedurfte vieler Jahre angestrengter Arbeit, um aus den Akten wie durch zahlreiche, oft wochenlange Ritte, durch Inspektionen und Sitzungen das Herzogtum kennenzulernen, einen in vier unzusammenhängende Stücke zerfallenden Zwergstaat. Mit seiner auf Anschauung und unmittelbare Tätigkeit gerichteten Natur strebte Goethe bald aus der Papierarbeit der Behörden hinaus und hinunter ins praktische Leben; er übernahm nacheinander die Leitung wichtiger Ausschüsse (für Bergbau, Wegebau, Kriegswesen), bis er 1782 Vorsitzender der Kammer, das heißt Finanzminister wurde. Hiermit rückte der wider seinen Willen auf Antrag des Herzogs Geadelte zum leitenden Staatsmann des Herzogtums auf. Schon im folgenden Jahre setzte er die Verminderung des Heeresbestandes und die Regulierung der Kammerschulden durch und brachte den Haushalt des vorm Bankrott stehenden Landes ins Gleichgewicht, wobei er durch die Androhung seines Rücktritts den Herzog zwang, mit der Zivilliste auszukommen. Als er nach Italien ging, konnte er diese Dinge seinen Mitarbeitern überlassen und sich von

Carl August einen andern, ihm gemäßeren Wirkungskreis erbitten.

Denn der schaffensfrohe Optimismus der Anfangszeit und die ehrgeizige Begierde des Phantasiemenschen, »eine Weltrolle zu spielen«, sind in den Jahren mühseliger Kleinarbeit Zweifeln gewichen, schließlich der Einsicht, daß er vergebens »all seinen Weizen unter das Kommißbrot verbacke«. Das vom »Ausland« umschlossene und durchsetzte Ländchen war und blieb tausendfach abhängig, besonders von Preußen, das militärisch wie zollpolitisch drückte; dazu kam Carl Augusts Unfähigkeit, sich in die Grenzen seines Landes und seiner nächsten Aufgaben einzufügen. Seit Anfang der 1780er Jahre wurde Goethe das Mißverhältnis zwischen der Mühsal seines Amtslebens und den Ergebnissen bewußt, und es reifte der Entschluß, diese Bürde abzuwerfen. Im Juli 1786 fällte er über diesen Teil seines Lebenswerkes das schneidende Urteil: »Wer sich mit der Administration abgibt, ohne regierender Herr zu sein, der muß entweder ein Philister oder ein Schelm oder ein Narr sein.«

Dieses Wort des Unmuts darf man gleichwohl nicht über die Amtstätigkeit des ganzen ersten Jahrzehnts setzen. Im Jahre 1779 hat Goethe es anders gewußt: »Der Druck der Geschäfte ist sehr schön der Seele; wenn sie entladen ist, spielt sie freier und genießt des Lebens. Elender ist nichts als der behagliche Mensch ohne Arbeit, das Schönste der Gaben wird ihm ekel.« Hier empfindet er den Wechsel zwischen Arbeit und Spiel, Verstandestätigkeit und Gefühlsleben als wohltätig. In einer andern Tagebuchstelle macht er sich aufmerksam auf einen eigentümlichen Rhythmus innerer Zustände, Fähigkeiten und Schwächen, der regelmäßig wiederkehrt: er fühlt hier (was heutige Psychologen ihm nachgerechnet haben), daß bei ihm kurze Zeiten allgemeiner schöpferischer und menschlicher, besonders liebevoller Erregtheit zwischen langen Perioden der Nüchternheit und Ruhe liegen: 1773/75, 1780/81, 1786/88, 1794/96, 1807/08, 1814/15, 1822/23, 1830/31. Er hat sich ebenso gehütet, sein Dichtertalent auf Kosten des Ganzen zu überanstrengen wie sein Leben auf dieses so flüssige und flüchtige Element zu gründen.

Aber wie hingebend und mit welchem Einsatz seiner außerordentlichen Kräfte Goethe auch seine Amtspflichten erfüllt hat, letztlich steht im ersten Jahrzehnt sein Staatsdienst doch wiederum im Dienst seiner eigenen Entwicklung. Dem entspricht, daß Goethe weder grundsätzliche, und das würde hier heißen revolutionäre Gedanken über eine Umformung des Staates entwickelt hat, wie wenig später der Freiherr vom Stein und Wilhelm von Humboldt, noch daß er in seinen Pflichten aufgegangen ist wie der echte Beamte. »Ich traktiere diese Dinge als Künstler« – solch Wort bezeichnet die Freiheit, die Goethe sich hier wie überall wahrt.

Nach Italien ging er auch aus dem Grunde, sein Verhältnis zu dem Fürsten und dem Staat seiner Wahl zu überprüfen. Von Rom aus schlug er, eineinviertel Jahre später, ebenso vertrauensvoll wie klug dem Herzog eine neue Grundlage seiner Wirksamkeit vor, und Carl August hat zugestimmt. Demgemäß gab Goethe die Fülle seiner bisherigen Ämter auf und übernahm dafür andere Pflichten. Er hatte den Hof auf allen Gebieten künstlerischen und wissenschaftlichen Lebens zu beraten. Er beaufsichtigte den Bau des neuen Schlosses und übernahm 1791 die Leitung des Hoftheaters, das er in sechsundzwanzigjähriger gewissenhafter Tätigkeit trotz der geringen Mittel zur wichtigsten Bühne Deutschlands machte, indem er im Schauspiel an Stelle naturalistischer Roheit Stil einführte und durchsetzte.

Weiterreichend war indessen seine Förderung des wissenschaftlichen Lebens. Nicht nur pflegte er die Institute der Universität Jena; durch seinen persönlichen Verkehr mit den dortigen Professoren und Universitätsbehörden war er der gegebene Mittler in allen Hochschulfragen; seinen Gutachten gemäß erfolgten die Berufungen, die Jena um die Jahrhundertwende zur gefeiertsten Stätte geistigen Lebens in Deutschland gemacht haben. Die Philosophen Fichte, Schelling, Hegel und zahlreiche Fachgelehrte von Rang hat er für längere oder kürzere Zeit gewonnen und so eine Art Schutzherrschaft über das deutsche Bildungswesen ausüben können.

Nach dem Zusammenbruch von 1806 zeigte das kleine Land noch vor Preußen durch eine beispielhafte Tat seine Entschlossenheit, diesen Vorrang auf geistigem Gebiet zu behaupten: 1809 wurden alle bisherigen Obliegenheiten Goethes in ein förmliches neues Amt der »Oberaufsicht« über die unmittelbaren Staatsanstalten für Kunst und Wissenschaft umgewandelt. Nach den Freiheitskriegen wurde ihm dazu die Neuordnung und ständige Überwachung der Universitätsbibliothek übertragen, und der fast Siebzigjährige hat sich dieser neuen Pflicht mit derselben Tatkraft und demselben Geschick unterzogen, die seine sonstige Tätigkeit für Kunst und Wissenschaft kennzeichnet.

Wie hoch stehn diese Leistungen und Ergebnisse über den spielerischen Anfängen des »Musenhofs«! Wie hat es Goethe verstanden, durch beharrlichen Ernst und tiefste Verantwortlichkeit vorm Geist dem sprunghaften Wesen Carl Augusts eine dauernde Förderung von Kunst und Wissenschaft abzugewinnen! Hier zum erstenmal in Deutschland verwandelte sich die Obrigkeits- und Wohlfahrtsstaat der Aufklärung in den Kulturstaat der Folgezeit, der sich dann in Preußen, Bayern und anderwärts zu verwirklichen begann; auch auf diese mittelbare Weise ist es Goethe vergönnt gewesen, unberechenbare Wirkungen zu tun.

Hier ist vor allem der höheren Schule zu gedenken, wie sie in Preußen Goethes Jünger Wilhelm von Humboldt geformt hat. An die Stelle des bisherigen zufälligen und zerstückelten Selbstunterrichts trat damit eine staatlich geregelte Erziehung, die als höchstes Ziel eine allseitige Bildung im Sinne des Wilhelm Meister vorsah. Als Mittel dazu diente, die Vorherrschaft der französischen Kultur ablösend, auch das Studium der deutschen Klassiker, zu Lebzeiten noch ihres letzten und größten – ein einzigartiger Vorgang in der Geschichte des Bildungswesens!

Goethe zeigt sich in diesen jahrzehntelangen Bemühungen als echter Staatsmann: feinstes Gefühl für die geistigen Strömungen und Bedürfnisse der Zeit paart sich mit geduldiger Kraft, seinen Zwekken näher zu kommen, und einer seltenen Gabe der Menschenbehandlung.

Betrachtet man Goethes gesamtes Wirken für den Staat, so sieht man, daß die Arbeit des ersten Jahrzehnts die unentbehrliche Grundlage der späteren Zeit bildet. Indem das titanische Ich sachlich wird, lernt es immer größere Zusammenhänge überschauen und bewältigen. Die damals geübte Selbstentäußerung bedeutet in Wahrheit Welteroberung.

Was fruchtbar ist, allein ist wahr.

—

Habe ich dir das Wort: Individuum est ineffabile, woraus ich eine Welt ableite, schon geschrieben? An Lavater 1780

Wissenschaft

BEDINGUNGEN UND LEISTUNG

Was Goethes Verhältnis zum Staat zeigt, jene persönliche Unabhängigkeit bei stärkster sachlicher Leistung, wiederholt sich in seinem Verhältnis zur Wissenschaft. Auch sie »traktierte er als Künstler«, auch sie nutzte er, soweit sie seiner Entwicklung nötig und förderlich war. Daraus ergeben sich gewisse Einschränkungen sowohl hinsichtlich der Sachgebiete wie in seinem Verhalten den einzelnen Fächern gegenüber. Die Mathematik blieb so gut wie ganz außerhalb seines Interessenkreises; die Astronomie hat er nur gelegentlich berührt.

Die übrigen Fächer der Geistes- wie der Naturwissenschaften hat er alle auf sich wirken lassen, aber nur so weit, wie sie ihn als Menschen angingen, das heißt bestimmte Kräfte in ihm aufschlossen. Die Forderung der »reinen« Wissenschaft und die Bereitschaft des Gelehrten, dem unendlichen Fortschritt des Wissens das Leben unterzuordnen und aufzuopfern, hat Goethe für sich persönlich nicht anerkannt.

Vielleicht wäre selbst ihm diese Unabhängigkeit nicht möglich gewesen, wäre er ein halbes Jahrhundert später zur Welt gekommen; es ist sein Schicksal, im Guten wie im Bösen, überall noch einen vorwissenschaftlichen Zustand anzutreffen, nach Zielsetzung, Methode wie Kenntnissen. Dadurch ist es Goethe vergönnt gewesen, als Liebhaber Forscher zu sein und sogar einige bedeutende Entdeckungen zu machen. Anderseits blieb er von dem unentwickelten Zustand der damaligen Wissenschaft überall abhängig. So kam er z. B. in der Geologie und Geschichtswissenschaft nicht über die sechstausend Jahre der jüdischen Zeitrechnung hinaus und glaubte in Thüringen wie in den Alpen Wirkungen der Sintflut wahrnehmen zu können; und gegen Newtons Lehren kämpfte er eine Art Windmühlenkampf, weil die damalige Physik ihm weder seine Irrtümer nachweisen noch seine große Entdeckung der subjektiven Farben hat würdigen können. –

Aber jenes Wort von einem vorwissenschaftlichen Zustande ist noch in dem tieferen Sinn zu verstehn, daß in den Natur- wie Geisteswissenschaften der eigentlich wissenschaftliche Geist erst seit Goethe und durch Goethe erwacht und durchgebrochen ist. Die gesamte Wissenschaft, von der Antike bis zur Aufklärung, denkt rationalistisch und normativ; sie hat kein Organ für die Eigenheit und das Recht des Einzelnen, des »individuum ineffabile«. So faßt sie die Welt der Natur wie der Geschichte in Begriffe, die nach logischen Gesichtspunkten von Gott, als dem obersten, zugleich umfassendsten und leersten Begriff, bis in die niederste Wirklichkeit hinab reichen. Es ist ein System ewiger Werte, eine starre Seins-Ordnung, deren einzelne Glieder nur durch Beziehungen der Überordnung und Unterordnung miteinander verbunden sind; nicht lange vor Goethe haben noch Spinoza und Linné solche Systeme geschaffen.

Goethe geht – von Herder begleitet – den umgekehrten Weg. Er baut die Natur vom untersten Einzelding aus auf; das »unaussagbare Individuum« des Steins, der Pflanze, des Tiers sieht er in Lebensbeziehungen zu andern Dingen und Wesen treten: aus der logischen Seins-Ordnung wird eine biologische Werde-Ordnung, die schöpferisch sich steigernd ins Unsichtbare und Unerforschliche hinaufreicht; jedes ihrer einzelnen Glieder hat an seinem Ort und zu seiner Zeit metaphysischen Wert, ist, nach Rankes berühmtem Wort, »unmittelbar zu Gott«.

Mit dieser genialen Umkehrung hat Goethe den historischen Sinn entbunden und damit die moderne Naturforschung und Geschichtswissenschaft erst geschaffen, wie er ihr zugleich durch Experiment und Einzelbeobachtung vielfach die Methoden gezeigt hat; es sind so umstürzende und grundlegende Leistungen, daß ihre Bedeutung erst jüngst erkannt worden ist.

> Was kann der Mensch im Leben mehr gewinnen,
> Als daß sich Gott-Natur ihm offenbare:
> Wie sie das Feste läßt zu Geist verrinnen,
> Wie sie das Geisterzeugte fest bewahre.

NEUES WELTBILD

Goethe ist in ein Zeitalter optimistischer Gläubigkeit hineingeboren; Philosophen wie Theologen der Aufklärungszeit bewiesen um die Wette die Güte Gottes und die Trefflichkeit der »besten aller möglichen Welten«. Als Geothe die religiösen Vorstellungen der Orthodoxie wie der Aufklärung hinter sich ließ, hat er sich jene Gläubigkeit nicht nur bewahrt, sondern sie zunächst mit der Verherrlichung der unerschöpflich zeugenden Natur stürmisch erweitert und erwärmt. Zugleich aber war er bemüht, diese jugendliche Gefühligkeit neuplatonischer Herkunft mit dem entgegengesetzten Geist aristotelischer Naturforschung zu vermählen. Schon an Lavaters Physiognomik arbeitete er mit im Sinne seines späten Wortes „Natur hat weder Kern noch Schale, Alles ist sie mit einem Male", indem er definierte: „Diese Wissenschaft schließt vom Äußeren auf das Innere" (1775). In Weimar hat er gegen „das ungeheure Geheimnis, das sich in stetigem Erschaffen und Zerstören an den Tag gibt", immer bewußter die Ganzheit seiner Kräfte aufgeboten: „die Abgründe der Ahndung, ein sicheres Anschauen der Gegenwart, mathematische Tiefe, physische Genauigkeit, Höhe der Vernunft, Schärfe des Verstandes, behaglich-sehnsuchtsvolle Phantasie, liebevolle Freude am Sinnichen.“ Auf solche Weise gelang ihm „eine Synthese von Welt und Geist, welche von der ewigen Harmonie des Seins die seligste Versicherung gibt.“

Als er (1784) mit Herder und Frau von Stein Spinozas Ethik las, kam er, unter erheblicher Umdeutung dieses Systems, zu Überzeugungen, die er sein Leben lang festgehalten hat: Gott ist nicht Willkür, sondern Notwendigkeit; er ist nicht unveränderlich, sondern im rastlosen Wandel und Übergang seiner Kräfte begriffen; er ist nicht ganz unerkennbar, sondern bis zu einem gewissen Grade aus den Einzeldingen abzulesen. Echt goethisch heißt es in Herders philosophischem Dialog Gott (1787): »Der verkännte die Menschheit, der den Schöpfer nur schmecken und fühlen wollte, ohne ihn zu sehen und zu erkennen«; erkennbar aber ist »das Ein und Alle« überall, weil sich »in jedem Punkt, im Wesen jedes Dings und seiner Eigenschaften der ganze Gott offenbart, wie er nämlich in diesem Symbol, in diesem Punkt des Raums und der Zeit sichtbar und energisch werden konnte«.

Freue dich, höchstes Geschöpf der Natur! Du fühlest dich fähig,
Ihr den höchsten Gedanken, zu dem sie schaffend sich aufschwang,
Nachzudenken.

NATURWISSENSCHAFT

Die Worte Herders bezeichnen das Ziel und den Sinn der Naturforschung, wie sie Goethe damals seit zehn Jahren betrieb. Sie ist Theologie, Theodizee eines »Realisten«, der »aufs Schauen viel hält« und Gott am liebsten »in herbis et lapidibus«, im Pflanzen- und Steinreich sucht und verehrt. Denn voll gesunden Mißtrauens gegen den »Kribskrabs der Imagination« beschied er sich, »die Zeichen der großen Hand« in der Natur abzulesen, an den Grundtatsachen, den »Urphänomenen«, die unsern Sinnen zugänglich sind.

Ein Grundgesetz verfolgt er dabei von der anorganischen Natur über die organische bis ins geistige und sittliche Leben hinauf, das Gesetz der Polarität, »Magnetes Geheimnis« zusammenschauend mit »Liebe und Haß«. Die Farbenlehre (1810) formuliert es so: „Das Geeinte zu entzweien, das Entzweite zu einigen, ist das Leben der Natur; dies ist die ewige Systole und Diastole, die ewige Synthesis und Diakrisis, das Ein- und Ausatmen der Welt, in der wir leben, weben und sind." Pflanzen-, Tier- und Seelenleben unterstehn gleichermaßen dem Wechsel von Gegensätzen wie Ausdehnung und Zusammenziehung, Wärme und Kälte, Tag und Nacht, Ermüdung und Erholung, Mann und Weib, Freude und Leid, Gut und Böse. In eben solcher Analogie und Symbolik ordnete Goethe diesem Weltgesetz auch die Gegensätze seines Innern ein, die ihn lange geängstet hatten, und empfand sie jetzt als notwendig und fruchtbar; ein Ausdruck dieser erlösenden Einsicht ist Fausts Wort von den zwei Seelen in seiner Brust (um 1797).

In der Wissenschaft der organischen Natur ist Goethe zur Begründung einer neuen Wissenschaft gekommen, für die er selbst den Namen Morphologie geprägt: Gestaltkunde, und die er in der Botanik und der Zoologie durchgeführt, im Reich des Menschen und der Menschheit mehr nur angedeutet und praktisch angewandt hat.

Gestaltung, Umgestaltung,
Des ewigen Sinnes ewige Unterhaltung,

MORPHOLOGIE

PFLANZEN

Mit dem Pflanzenreich hat sich Goethe zuerst bekannt gemacht. Auch hier ging er von Gegebenheiten seines Weimarer Lebens aus: das kleine verwahrloste Stück Abhang um sein Gartenhäuschen veranlaßte ihn schon im Frühjahr 1776 zu Bepflanzungsversuchen; den mit der Natur unvertrauten Städter führte der Verkehr mit den Forstmännern des Hofkreises und der Verwaltung weiter; im Oktober 1776 studierte er die niederen Pflanzenarten. Um sich in dem ungeheuren Reich zurechtzufinden, bediente er sich des genialen Linnéschen Systems, das die Pflanzen nach gewissen äußeren Merkmalen zu bestimmen und zu ordnen gestattet. Aber Goethe genügte diese Einteilung nicht mehr, weil er die Pflanzenwelt einer neuen Frage unterwarf, der nach ihrer Entstehung. Wollte Linné nur eine Bestandsaufnahme des Vorhandenen machen, so verlangte Goethe nach dessen Erklärung und Ableitung. Diese Fragestellung allein würde ihm schon einen Ehrenplatz in der Forschung sichern; denn es ist nichts Geringeres als der Entwicklungsgedanke, den Goethe hiermit entdeckt hat. Freilich lag es ihm fern, ihn in der mechanistischen Weise des Darwinismus anzusehen; sein Künstlergeist erkennt vielmehr den Künstlergeist der Natur, die über das nur Zweckmäßige und den Zwang der äußeren Bedingungen schöpferisch spielend hinausschweift. Diese

Denkweise, zu der die Wissenschaft erst jüngst hingefunden, hat Goethe zunächst in der Botanik angewandt. In zehnjährigem Forschen und Denken »simplifiziert sich« ihm die verwirrende Fülle des Pflanzenreiches zunächst in dem Gedankenbild einer einzigen Pflanze, der »Urpflanze«, die er wiederum zurückführt auf ein einziges Organ, das Blatt. Dieses hat sich, um Dasein und Fortpflanzung zu sichern, in Blüte, Staubfäden und Stempel, die verschiedenen Hüllen usw. verwandelt, indem es sich nach dem Gesetz der Polarität in regelmäßiger Folge bald zusammenzieht, bald ausdehnt. Diese Verwandlung ist aber zugleich ein Vorgang der Steigerung, ein Weg vom Einfachen, ja Derben (des Blattes) ins Entwickelte, Zarte und Schöne (der Blüte). – In ähnlicher Weise verwandelt sich nun auch die Urpflanze in die späteren und heutigen Gattungen und Arten, indem sie kraft inneren »Bildungstriebes« auf die äußeren Reize des Bodens, des Klimas, der Meereshöhe usw. antwortet.

Mit dieser »Metamorphose der Pflanzen«, die das gleichnamige Lehrgedicht poetisch veranschaulicht, enthüllte sich vor Goethe eines der drei großen Naturreiche als beseelt von einem Vermögen unerschöpflicher Wandlungsfähigkeit und zugleich einem Drang nach Erhöhung und Veredlung. Und insofern die Natur »der Gottheit lebendiges Kleid« ist, wird Gott in diesen Urphänomenen faßbar als ein Geist der Ordnung, leiser Kraft, mächtigster Schöpferlust. Der Mensch braucht nicht mehr, wie Werther, in der Angst eines Fremdlings durch sein Reich zu irren; er ergreift in den Vorgängen des

Naturlebens überall Gott selbst, so weit Sinne den Übersinnlichen ergreifen können.

Gehn wir von der weltanschaulichen Bedeutung der Goetheschen Naturforschung noch einmal auf die Ergebnisse über, so ist zu betonen, daß Goethe den letzten Schritt, vom Blatt zur Zelle, nicht hat tun können, weil das damalige Mikroskop diese Entdeckung noch nicht gestattete; die Entwicklung aber vom Blatt (des Lebermooses) an aufwärts hat er richtig gesehen und damit in der Botanik wie in der Geschichte der Naturforschung und des menschlichen Denkens überhaupt eine der folgenreichsten Entdeckungen gemacht.

Also bestimmt die Gestalt die Lebensweise des Tieres,
Und die Weise zu leben sie wirkt auf alle Gestalten
Mächtig zurück.

TIERE

Goethe hat nicht gezögert, sogleich »dasselbe Gesetz auf alles übrige Lebendige anzuwenden«. Auch das Tierreich schaut er als ein Ganzes, das gemäß den Gesetzen der Polarität und der Steigerung sich aus einem Urtier heraufgebildet hat, und das Urtier wiederum führt er – wenigstens für das Reich der Wirbeltiere – auf ein einziges Organ zurück, den Wirbel, aus dessen abgewandelten Teilen sich das Rückgrat vom Schwanz bis zum Schädel gebildet habe. Auch hier ist Goethe der Schritt zur letzten Einheit, der Zelle, verwehrt geblieben, wenn ihm auch die Einsicht aufblitzt, daß jeder Körper aus einer Vielheit von Monaden bestehe. Um so deutlicher wird ihm beim Tierreich, daß die Gottnatur folgerichtig, geduldig und haushälterisch verfährt: »Die Natur kann zu allem, was sie machen will, nur in einer Folge gelangen. Sie macht keine Sprünge. Sie könnte z. B. kein Pferd machen, wenn nicht alle übrigen Tiere voraus gingen, auf denen sie wie auf einer Leiter bis zur Struktur des Pferdes heransteigt.« In dieser Steigerung herrscht keine Willkür: ein bestimmter Vorzug auf einem Gebiet wird durch entsprechenden Mangel auf einem andern bezahlt; der mit gewaltigem Gebiß ausgestattete Löwe könnte unmöglich auch noch Hörner oder Geweih tragen. Goethes fromme Ehrfurcht spricht aus den Worten des Lehrgedichts »Die Metamorphose der Tiere«:

»Dieser schöne Begriff von Macht und Schranke, von Willkür
Und von Gesetz, von Freiheit und Maß, von beweglicher Ordnung,
Vorzug und Mangel erfreue dich hoch.«

Vergleicht man diese Gegensatzpaare (1790) mit denen des Bruchstücks »Natur« (1781), so faßt man die mächtige Entwicklung Goethes innerhalb dieser acht Jahre, faßt sie auch als eine nicht nur geistige, sondern zugleich sittliche Selbsteinordnung in ein als sittlich-vernünftig empfundenes Ganzes.

Er sah sich alsbald veranlaßt, die beiden Naturreiche in Beziehung zueinander zu bringen, »die organisierte Welt wieder als einen Zusammenhang von vielen Elementen anzusehen. Das ganze Pflanzenreich z. B. wird uns wieder als ein ungeheures Meer erscheinen, welches ebensogut zur bedingten Existenz der Insekten nötig ist wie das Weltmeer und die Flüsse zur bedingten Existenz der Fische, und wir werden sehen, daß eine ungeheure Anzahl lebender Geschöpfe in diesem Pflanzen-Ozean geboren und genährt werden; ja wir werden zuletzt die ganze tierische Welt wieder nur als ein großes Element ansehn, wo ein Geschlecht auf dem andern und durch das andere, wo nicht entsteht, doch sich erhält.«

Die Natur, um zum Menschen zu gelangen, führt ein langes Präludium auf von Wesen und Gestalten, denen gar sehr viel zum Menschen fehlt. In jedem aber ist eine Tendenz zu einem andern ersichtlich, das über ihm ist.

MENSCH

Es verstand sich für Goethe von selbst, daß der Mensch nur als ein höchst entwickeltes Tier anzusehn und somit der Tierreihe anzuschließen sei; aber hier stand ihm nicht nur die kirchliche Auffassung entgegen, die unter Berufung auf die mosaische Schöpfungsgeschichte eine gesonderte Erschaffung des Menschen lehrt; auch die damalige Naturwissenschaft hielt an dem unüberbrückbaren Unterschied zwischen Tier und Mensch fest und behauptete des zum Beweise, der allen Wirbeltieren gemeinsame Zwischenkieferknochen fehle dem Menschen. Goethes Vorstellung von der Gott-Natur konnte diese kindlichen Vorurteile nicht gelten lassen; überzeugt, daß jener anatomische Unterschied nicht sein könne, erbrachte er »durch wissenschaftliches und praktisches Bemühen, unausgesetzte folgerechte Behandlung« gegen Mitte der achtziger Jahre den Nachweis des Zwischenkieferknochens auch beim Menschen; vor Freude über diesen Fund »bewegten sich ihm alle Eingeweide«. Die Entdeckung, von der Wissenschaft erst lange nach Goethes Tod anerkannt, ist eine weitere große Leistung auf naturwissenschaftlichem Gebiet, denkwürdig vor allem wegen der grundsätzlichen Haltung, der sie verdankt wird.

Ohne meine Bemühungen in den Naturwissenschaften hätte ich die Menschen nie kennen gelernt wie sie sind.

KULTUR

Der Gedanke an den tierischen Ursprung des Menschen ist für Goethe ein Grund ehrfürchtigen Staunens darüber, daß »das Tier im Menschen zur höchsten Beweglichkeit und Freiheit sich verherrlicht«. Nicht anders wie bei Pflanze und Tier, aber in gesteigerter Empfänglichkeit und Schöpferkraft antwortet beim Menschen der »Bildungstrieb« auf die Reize der Außenwelt: – das ganze Reich äußerer und innerer Kultur ist sein Werk. Auch diese Leistungen sieht Goethe gleichsam als Naturforscher.

Schon im ersten Jahrzehnt zwang er sich, den Menschen, sei es als Einzelnen, sei es als Stand in seiner notwendigen Bedingtheit und Bestimmtheit zu erfassen; so musterte er die Universitätskreise Göttingens, das Badeleben Pyrmonts, die Handelsstadt Leipzig, den »verwegenen Menschenschlag« Berlins. Als er nach Italien ging, konnte er Leben, Charakter und Werke der fremden Nation wie Dinge einer fremden Tiergattung lesen: er beschreibt das

Wesen der Venezianer, Römer und Neapolitaner nicht anders wie das Wesen der Taschenkrebse und Patellen am Lido. Dieser so und so bedingte und beschaffene Mensch aber (nicht mehr der abstrakte »Mensch« der Aufklärung) erzeugt gemäß seinem Charakter und seinen Lebensbedingungen und -bedürfnissen bestimmte Werke, die vom einfachsten Gerät bis zum höchsten Kunsterzeugnis landschaftlich bedingt sind.

Was Goethe dergestalt 1786–88 gegenüber den friedlichen Zuständen Italiens geübt hat, wandte er 1792 vor der ungleich schwierigeren Aufgabe an, den Krieg als eine »Naturform« des Menschen zu behandeln, und zu schildern, wie dieser, als Bauer oder Soldat, leidend oder handelnd, als Franzose oder Deutscher sich in einem solchen äußersten Zustand verhält.

Als Goethe drei Jahre später sich zu einer dritten (durch Napoleons Feldzug vereitelten) italienischen Reise vorbereitete, plante er eine große Monographie über Italien, die von der »physikalischen Lage, im Allgemeinen und Besondern, des Bodens und der Kultur, von der ältesten bis zur neuesten Zeit« bis zu den höchsten Hervorbringungen des italienischen Geistes reichen sollte. Die Darstellung ist nicht zustande gekommen, aber der Gedanke liegt seitdem als letzte, vielleicht unerreichbare Aufgabe allen kultur- und geistesgeschichtlichen Bemühungen zugrunde.

Diese neue Betrachtungsweise Goethes ist nicht erst seit dem Erscheinen der Italienischen Reise (1816/17) bekannt und wirksam geworden; schon 1790 hat sie Goethes römischer Freund Karl Philipp

Moritz durch Vorträge in Berlin mitgeteilt und damit die Brüder Alexander und Wilhelm von Humboldt entscheidend beeinflußt; Alexander bekannte später, Goethe die Begriffe der *Völker- und Erdkunde* zu verdanken, die er begründet hat. –

Goethe hat aber nicht nur die unhistorische Auffassungsweise »vorgoethischer« Zeiten ersetzen helfen durch den geschichtlichen Sinn, der den auszeichnenden Charakter der Folgezeit ausmacht; ihm sind auch beispielgebende Einzelarbeiten auf dem Gebiet der Geschichte zu danken. Seine Übersetzung der Selbstbiographie des *Cellini* begleitete er (1803) mit einer Fülle florentinischer Porträts; ein Jahr später setzte er *Winckelmann* ein Denkmal mit den tiefsinnigen und ehrfürchtigen Betrachtungen zum Leben und Werk seines großen Vorgängers; in den folgenden Jahren schrieb er die umfangreche *Geschichte der Farbenlehre*, die zu einem Stück Geistesgeschichte wurde. – Der alte Goethe hat solche Bemühungen nicht nur der arabisch-persischen Geschichte, sondern vor allem sich und seinem Leben gegenüber angewandt.

Indem er im geschichtlichen Porträt die schwerste und schönste Aufgabe des Historikers erfüllte, vergangene Menschen zum Leben zu erwecken, hat Goethe der Geschichtswissenschaft des neunzehnten Jahrhunderts Wege gewiesen; Ranke ist hier sein erster Jünger. Wie sehr aber ihm selber Geschichte und Vergangenheit noch nicht ein Gegenstand bloßen Erkenntnistriebes waren, sondern gemüthafter Beglückung, ja religiöser Auferbauung, dafür zeugen die Worte aus der Farbenlehre: »Es kommen uns aus der dunklen Vergangenheit überall tüchtige und vortreffliche Menschen, tapfere, schöne, gute, in herrlicher Gestalt entgegen. Der Lobgesang der Menschheit, dem die Gottheit so gern zuhören mag, ist niemals verstummt, und wir selbst fühlen ein göttliches Glück, wenn wir die durch alle Zeiten und Gegenden verteilten harmonischen Ausströmungen bald in einzelnen Stimmen, in einzelnen Chören, bald fugenweise, bald in einem herrlichen Vollgesang vernehmen.«

Diese hohen Kunstwerke sind zugleich als die höchsten Naturwerke von Menschen nach wahren und natürlichen Gesetzen hervorgebracht worden. Alles Willkürliche, Eingebildete fällt zusammen: da ist Notwendigkeit, da ist Gott.

Das letzte Produkt der sich immer steigernden Natur ist der schöne Mensch.

Kunst

Es erscheint als seltsamer Widerspruch, wenn der klassische Goethe in Natur und Kultur jede individuelle Gestalt in ihrer Besonderheit gelten läßt, während er in der bildenden Kunst und in der Dichtung Muster verehrt: die – als Einheit gefaßte – griechisch-römische Welt und ihre Erneuerung in der italienischen Renaissance. Er wandte sich damit für ein Menschenalter von den Überzeugungen und Zielen seiner Jugend ab; erst der Alternde und Alte ist zu einer freieren Auffassung zurückgekehrt.

Das Rätsel erklärt sich durch den Umstand, daß die klassizistische Meinung von der Alleingültigkeit der Antike eine gesamteuropäische Geisteswendung darstellt. Nachdem der Barock (und seine Spätform, das Rokoko) zweihundert Jahre geherrscht hatte, erfolgte der Umschlag aus der ornamentalen, spielerischen, aufgelösten Form in klare Tektonik. Diese zuerst in der französischen Baukunst um 1750 auftretenden Bestrebungen übertrugen Winckelmann und Lessing auf die Gebiete der bildenden Kunst und der Dichtung, ja der Weltanschauung: kaum hatte der Spätbarock Süddeutschland sein künstlerisches Gesicht gegeben, so wurde er als Kunst üppiger Lebenslust verworfen, und gleichzeitig mit dem Siebenjährigen Krieg erwachte ein Sinn für Würde, Strenge und Härte, der sich bis in die Zeit des Empire geltend gemacht hat.

Nach den Gefühlsstürmen seiner Jugend gab sich der reifende Goethe immer mehr dieser Zeitströmung hin. Seine italienische Reise vermittelte ihm die Anschauung zahlreicher Werke der Antike und der Renaissance und eine neue geistige Berührung mit Winckelmann. Was ihn in Italien entzückte, war die klare Form der Landschaft und der Gebäude, der zweckmäßige und lebensnahe Charakter antiker Werke wie des Amphitheaters in Verona, der römischen Wasserleitungen, der Grabreliefs; Palladio und Raffael erschienen ihm als diejenigen Renaissancekünstler, die dies Erbe der Alten: Allgemeingültigkeit des Gehalts und Notwendigkeit der Gestalt, am schönsten erfaßt und erneuert haben. Erst beim zweiten römischen Aufenthalt wandte er sich dem menschlichen Körper als Natur- und Kunstwerk zu. Wie Winckelmann empfand er dabei die griechische Plastik als Gipfel der Kunst, ja, insofern sie den alles Unwesentlichen entkleideten, nackten Menschen verherrlicht und verewigt, als Gipfel der Natur selbst. Die Griechen haben das einfach Menschliche im ganzen Umkreis möglicher Gestalten und Situationen ausgedrückt: Götter und Halbgötter, Helden und Frauen, Mütter und Kinder; selbst das Tier ist in einer Vollendung gegeben, daß Goethe vor dem Pferdekopf des Parthenon von einem »Urpferd« spricht und an Myrons säugender Kuh das »Menschliche« des Tieres ausgesprochen findet.

Damit rückte Goethe weit ab von dem, was alle nordische Kunst als schön empfunden hat: das Charakteristische, Krause, Versponnene, Strömende, Phantastische. Der einst Dürer, Rembrandt und das Straßburger Münster verehrt, höhnte jetzt über »unsere kauzenden, auf Kragsteinlein übereinandergeschichteten Heiligen der gotischen Zierweise, unsere Tabakspfeifensäulen, spitzen Türmlein und Blumenzacken«. Wie Winckelmann faßte er dabei die »idealische Schönheit«, die »Unbezeichnung« der griechischen Statuen, d. h. ihre eigentümliche Unbestimmtheit und Leere, als Ausdruck einer sittlichen Kraft, die, über den Leidenschaften stehend und die Beschränktheit der Individualität überwindend, wahre »Menschheit« anzeige und in dem Betrachter gleichsam zu erzeugen strebe.

Goethe und die Seinen entwickelten bei uns diese Anschauungen zu derselben Zeit, als Thorwaldsen nach Rom kam und der Franzose David, härter und pathetischer, den Empirestil begründete. Bei uns hat der bildnerische Klassizismus das Gesicht mancher Städte, wie Berlin, Potsdam und München, neu gestaltet; als allgemein geistiger Humanismus die Literatur nur kurz bestimmt, um so länger und nachhaltiger unser Bildungswesen. Dort wie hier ist er der Gefahr ohnmächtiger Nachahmerei nicht entgangen, die schon mit Goethes und Meyers eigener Kunstpolitik gegeben war. Denn statt die jungen bildenden Künstler dem eigenen Erlebnis zu überlassen, wähnten beide, ihnen den Weg verkürzen zu können, indem sie jährlich Preisaufgaben aus dem Gebiet der antiken Sage und Geschichte stellten. Indem Goethe hier auf fremden Bereich übergriff, hat er der jungen romantischen Kunst unberechenbaren Schaden getan.

Anderseits gehört der innere Drang des Nordländers, sich gelegentlich an der südlichen Kunst neu auszurichten, offenbar selbst wieder zu unserm Charakter und ist als ein deutsches Schicksal zu begreifen, das die Schwachen schwächt, die Starken aber – Dürer, Holbein, Rubens, Händel, Schlüter, Mozart – erst vollendet. –

Goethes eigene Versuche im Zeichnen, seit frühe geübt und in Italien mit größtem Ernst betrieben, haben ihn selbst so wenig befriedigt, daß er sie von da ab nur noch aus Liebhaberei fortgesetzt hat. Von zweitausendvierhundert Zeichnungen, die sich erhalten haben, stammt die Hälfte aus Italien, manche noch von der bestürzenden Unmittelbarkeit des ersten Jahrzehnts, die meisten freilich Nachbildungen in der Manier dieses und jenes Künstlers: solche Uneinheitlichkeit des Stils muß es Goethe selbst gesagt haben, daß der Glaube, zum bildenden Künstler berufen zu sein, eine »falsche Tendenz« war.

Dieser schöne Begriff von Macht und Schranke, von Willkür
Und von Gesetz, von Freiheit und Maß.

Dichtung

NEUHUMANISMUS

In einer wundersamen Übersetzung und Vergeistigung erscheint der Mensch der griechischen Plastik noch einmal in Goethes klassischer Dichtung, die freilich zugleich von der griechischen Dichtung immer neu befruchtet wird. Für die Abgründe des altgriechischen Wesens, wie sie später Bachofen, Burckhardt, Nietzsche, Rohde enthüllt haben, aber auch für die politische und geistige Wirklichkeit, die schon bei Thukydides und Euripides zu finden war, hatte die Zeit kein Auge. Sie suchte, und daher sah sie hier nur das Hochbild eines Menschentums, das stark und stolz aus sich lebt und sich selber zum Gipfel des Alls steigert. Es war der frohe und selbstherrliche Glaube an die innere Kraft und Güte der Menschennatur, eine Religion der Selbstvervollkommnung, die sich an die Stelle des Christentums setzte. Diesen erhofften Menschen einer nahen Zukunft wähnte man im griechischen Menschen schon einmal verwirklicht. So finden Herders »Ideen« (1787) »alles Dauernde und Gesunde (des Griechentums) nur durch ein weises glückliches Gleichgewicht seiner strebenden Kräfte bewirkt. Jedesmal war das Glück seiner Einrichtungen um so dauernder und edler, je mehr es sich auf Humanität d. i. auf Vernunft und Billigkeit stützte.«

Gleichgewicht und Humanität – das bedeutet die

gleichmäßige Ausbildung aller Kräfte des Individuums und die Einordnung des also harmonisch abgestimmten Individuums in die menschliche Gesellschaft: es sind eben die Ziele, die der Weimarer Goethe so leidenschaftlich in sich zu verwirklichen trachtete. In seiner Dichtung tritt jetzt an die Stelle des einseitigen Geniemenschen der ausgeglichene Mensch, »edel, hilfreich und gut«; den umdüsterten Titanen-Enkel Orest heilt Iphigenie, die »folgsam immer ihre Seele am schönsten frei fühlte«; und Tasso, der unheilbare, wird nicht einmal des, trotz allem, strahlenden Endes seines kleineren Vorgängers Werther gewürdigt. Andre Helden aus der Geniezeit werden bis zur Unkenntlichkeit verbogen und herabgesetzt, wie der Faust des zweiten Monologs, wie vor allem Wilhelm Meister; Menschen von Mittelmaß, wie die Gestalten von Hermann und Dorothea, werden liebevoll verklärt.

Damit macht der klassische Goethe die Worte der Zueignung wahr: »Warum sucht ich den Weg so sehnsuchtsvoll, Wenn ich ihn nicht den Brüdern zeigen soll.« Der Dichter wird Prophet der neuen Religion der Humanität. Nie ist sie größer, heiterer und selbstgewisser, aber freilich auch mit so frevelhafter Menschen-Bezüglichkeit ausgesprochen worden wie in Goethes Winckelmann (1805): »Wenn die gesunde Natur des Menschen als ein Ganzes wirkt, wenn er sich in der Welt als in einem großen, schönen, würdigen und werten Ganzen fühlt, wenn das harmonische Behagen ihm ein reines freies Entzücken gewährt – dann würde das Weltall, wenn es sich selbst empfinden könnte, als an sein Ziel gelangt aufjauchzen und den Gipfel des eigenen Werdens und Wesens bewundern. Denn wozu dient alle der Aufwand von Sonnen und Planeten und Monden, von Sternen und Milchstraßen, von Kometen und Nebelflecken, von gewordenen und werdenden Welten, wenn sich nicht zuletzt ein glücklicher Mensch unbewußt seines Daseins erfreut?«

Nach solchem Ziel zu streben ist das tiefste Anliegen des Humanismus. Damit kommt ein höherer Ernst und eine stärkere Verantwortung in Leben und Dichtung. »Dichten ist ein Übermut!« sagt der alte Goethe und hätte erst recht der junge sagen können; der klassische will Menschen bilden; und wo ihm unzähmbare Naturen begegnen, wie Kleist und Beethoven, hat er sie um so schroffer abgelehnt, je größer und gefährlicher sie ihm erschienen.

In der Beschränkung zeigt sich erst der Meister.

KLASSISCHER STIL

Die neue Haltung bedingte Veränderungen nach vielen Seiten. Schon in der Arbeitsweise. In Goethes Jugend waltete geniale Inspiration und Improvisation, die »himmelhoch jauchzend, zum Tode betrübt« in Gegensätzen schwelgte, die unbewußt wie die Natur selbst sich ihrer Fülle entlud, oft unbekümmert um die Folgerichtigkeit im Innern des Kunstwerks und um seine Wirkung nach außen. Der klassische Goethe verarbeitete einen weit größeren Lebensstoff umsichtiger und gewissenhafter. Er entwarf umfängliche Schemata seiner größeren Arbeiten und ging sorgsamer mit seinen Einfällen um; im Bunde mit Schiller suchte er, wie vor ihm viele von Opitz bis Lessing, Gesetze der einzelnen Dichtungsgattungen, des Dramas, des Epos, der Ballade zu finden und unterstellte sein Schaffen diesen Theorien, schuf wohl auch einmal, um die Probe aufs Exempel zu machen; der Zusammenhang mit dem Erlebnis erscheint hier gelockert oder eigentümlich vertieft, indem die Experimentierlust des Künstlers mitwirkt.

Knüpfte so der klassische Goethe an frühere Klassik an, die Racines und Voltaires nicht weniger als die der Griechen, so bedeutete das ein Abrücken von allem »allzu aufgeknöpften Wesen«. Von Rom aus schreibt er an Carl August: »Ich möchte nun nichts mehr schreiben, was die Menschen, die ein großes und bewegtes Leben führen und geführt haben, nicht auch lesen dürften und möchten.« Hier erscheint im Blick des Dichters ein andres Publikum als das seiner Jugend: nicht mehr das eingeengte, nur literarisch interessierte Bürgertum, sondern die große Welt. Diese aber verlangt, wie im Leben so in der Dichtung, daß das eigenwillige Subjekt zurücktritt; es ist das nämliche, was der Welt- und Staatsmann, der Naturforscher, der sittliche Mensch Goethe mit gleichem Nachdruck gesucht haben: das Große, Notwendige, Typische, Ewige.

Damit sagt Goethe dem Naturalismus seiner Jugend ab, der »im Stengelglas wohl eine Welt findet«, der mit unersättlicher Freude das Einzelne, Einmalige, Charakteristische zeichnet, von den Reutersknechten des Götz bis zur alten Käsefrau der Geschwister und noch den Gestalten des Urmeisters.

Reizte ihn damals die Buntheit der Welt, die er auffaßte als ein aus und von Gegensätzen lebendes Ganzes, so ersetzte der klassische Goethe diesen Naturalismus durch eine immer strenger wählende Stilkunst.

Sie waltet in der Wahl der handelnden Personen, die jetzt nicht mehr den Tiefen der Gesellschaft angehören. Die derbsten Kapitel des Urmeisters müssen diesem Stilprinzip zuliebe fallen; statt dessen erscheinen Könige, Hochadel oder ein verklärtes Bürgertum; weil erst in einer gewissen Höhe und Freiheit des Standpunkts Entscheidungen möglich sind, die der klassische Dichter der Aufzeichnung wert findet.

Die Zahl der Personen beschränkt sich aufs Äußerste, da ja jede von ihnen viele Menschen, oft ganze Stände vertritt. Die Handlung der Iphigenie und des Tasso bestreiten je drei Haupt- und zwei Nebenpersonen; eine Person mehr hat Hermann und Dorothea.

Ebenso vereinfachen sich die Beziehungen auf wenige Urformen: Mann-Weib, Eltern-Kind, Erwachsener-Junger, Herrscher-Beherrschter, Seßhafter-Heimatloser.

Dem entspricht die Handlung selber. Sie wird immer mehr ins Innere des Herzens verlegt, wird seelisch und sittlich. Krasse Fälle scheiden als untypisch und unedel aus; Mord und Selbstmord, wie im Götz, Werther, Egmont, werden nicht mehr als wesentliche Lagen des Lebens empfunden. Der Mensch der klassischen Dichtung ist leiser und verletzlicher. Wenn Tasso den Degen zieht oder die

Prinzessin umarmt, wenn die Natürliche Tochter unter ihrem Stand heiratet, wenn Hermann sich mit Dorothea verbindet, so bedeutet das unendlich mehr als sinnfällig wird.

Demgemäß wird auch der Aufbau der Dichtung einfach. Gegenüber dem Rankenwerk des Götz, des Faust und noch des Egmont wirken Iphigenie, Tasso und Natürliche Tochter wie Reliefs: kühl und klar.

Und wie im Relief stockt der Strom der Handlung. Das bekommt schon dem Roman nicht gut: sobald der Theaterroman des Urmeisters zu Ende ist, erstarrt fast die Handlung der Lehrjahre zu ruhenden Bildern oder Allegorien idealen Lebens. Viel stärker aber widerspricht diese Ruhe dem Drama, als welches nun einmal Handlung bedeutet.

Ein treues Abbild dieser Mäßigung gibt endlich die Sprache. Sie scheidet alle derben, selbst die nur kräftigen Vorstellungen aus. Die gemeine und die erregte Rede schwinden. Kein Gelächter, kein Schrei. Erlesene Worte in kunstvollem Satzbau zeichnen eine vom Geist geklärte seelische Höhenlage; es ist – wie in der Oper – ideale Rede einer idealen Welt.

Aus Morgenduft gewebt und Sonnenklarheit
Der Dichtung Schleier aus der Hand der Wahrheit.

LYRIK

Goethes eigenstes Gebiet, die Lyrik, ist allerdings von der klassizistischen Anschauung viel weniger berührt als Epik und Drama; die Energie seines ursprünglichen Dichtertums hat sich hier am unmittelbarsten bewahrt. Aber früher bevorzugte Formen treten gegenüber neuen zurück, und der Wandel seines Stils ist in dieser leicht überschaubaren Gattung besonders gut abzulesen.

FREIE RHYTHMEN

Sie waren die glühendste und sprühendste Form des jungen Goethe; in Weimar verändert sie sich, wird beruhigter und verstummt schon 1783 völlig. In den fünf Hymnen spiegelt sich deutlich die Entwicklung des ganzen ersten Jahrzehnts. Seefahrt (1776) kennt schon »gottgesandte« Wechselwinde und das fromme Vertrauen der Ergebung. Harzreise im Winter (1777) und der Gesang der Geister über den Wassern (1779) vertiefen diesen Ton, abgerissene Tagebuchblätter gleichsam, welche im Rück- und Vorblick eine Bilanz des Lebens ziehn. Während Grenzen der Menschheit (1779) den Klang der gleichzeitigen Iphigenie wiederholen, wagt Das Göttliche (1783) das Bekenntnis einer Ethik, die keiner Gottesbeweise bedarf, um zu wirken, für die vielmehr umgekehrt, in einer Welt harter Notwendigkeit, »der edle Mensch« die einzige Gewähr für die Existenz »jener geahneten Wesen« bietet. – Beide Hymnen widerrufen am entschiedensten das Prometheusgefühl der Geniezeit.

KNITTELVERS

Auch diese andere Lieblingsform des jungen Goethe klingt ab, ohne doch völlig zu verstummen. Aber auch hier werden Sprache, Ton und Stoff edler und gelassener. Von Hans Sachsens poetischer

Sendung (1776) über die Legende (vom Hufeisen) (1797) bis zu Zelebrität (1806) ist Goethe immer wieder gern zu dieser Gattung volkstümlicher Betrachtung zurückgekehrt.

REIMSTROPHENGEDICHTE

Das Lied, Goethes innerster und unmittelbarster Ausdruck, erfährt in der Zeit der Hochklassik eine bezeichnende Einschränkung. In den ersten Weimarer Monaten berühren sich die Ausklänge seiner Liebe zu Lili (Jägers Abendlied und anderes) mit den Gesängen, die Charlotte, »Lida« erregt (Wanderers Nachtlied, Februar 1776); ihr gilt auch die Krone seiner Liederlyrik, das Lied an den Mond (1778). Doch dann verstummt der persönliche Ausdruck: nur in der Rollenlyrik der Lieder des Harfners, der Mignon und der Philine kann das verborgene Leid und Verlangen der Jahre 1782 bis 1786 laut werden. Der italienische und nachitalienische Goethe hat nichts Persönliches mehr im Lied gestaltet. Die Liebe zu Christiane hat kein Lied geboren; anderes, wie Trost in Tränen, Nachtgesang, Nähe des Geliebten, entstammt nicht dem drängenden Augenblick, sondern der Erfahrung des Menschen und der Experimentierlust des Künstlers. Im Jahre 1802 erneuert er die Gattung des Gesellschaftsliedes mit einer Reihe von Produktionen, in denen Behagen und Geist sich wechselseitig heben.

Viel günstiger ist die klassische Zeit für die Ballade. Diese verdankt ihr die Klarheit der Zeichnung und die kunstreiche Form, verliert darüber freilich meist das Schwebende, Düstere und rein auf

Seelisches Blickende ihres nordischen Ursprungs. Der Geniezeit entstammen vielleicht noch die kecken Stücke Der Rattenfänger und Der Schäfer putzte sich zum Tanz, während der Fischer, stärker noch der Erlkönig Naturschauer, ein eigenstes Gebiet der Ballade, in geisterhafte Rede und Handlung umsetzen. Eine dritte Gruppe: Sänger, Schatzgräber und Zauberlehrling, zeigen die aufs Typische gerichtete Schau der Klassik; mit ihrer ganz in Handlung gekleideten Lehre sind sie denkbar hohe Ausprägungen der Fabel. Ein besonderes Paar sind Die Braut von Korinth und Der Gott und die Bajadere; der Hochklassik zugehörig nach weltanschaulichem Gehalt und kunstvoller, klarer Gestalt stehn diese sogenannten »Großen Balladen« dem Charakter der Gattung am fernsten oder bilden vielmehr eine eigene, als hohe Mythen heidnisch-klassischer Gesinnung. Weitere Gruppen sind Monologstücke, wie die Spinnerin, der Musensohn, Schäfers Klagelied, und Dialogstücke, wie der Müllerin-Zyklus, Experimente, die in der Ersten Walpurgisnacht sich zur Kantate erweitern. Mit dem Hochzeitlied und Ritter Kurts Brautfahrt gewinnt, gegen Ende des dritten Jahrzehnts, Goethe der Ballade die Heiterkeit zurück, die durch die Plattheit des Bänkelsangs in Verruf gekommen war. – Die einundzwanzig Stücke dieses Zeitraums zeigen gegenüber den vier Balladen der Geniezeit einen damals nicht zu ahnenden Reichtum in Ton und Gehalt.

Zu diesen (und anderen) deutschen Formen stoßen seit 1784 fremde. Die italienische Stanze erscheint 1784 in der Zueignung, ursprünglich einem Teil des unvollendet gebliebenen religiösen Epos Die Geheimnisse. In erhabener und klarer Sprache bringt dies erste »klassische« Gedicht Goethes die Frohbotschaft der Humanität. Dieselbe Großform benutzte Goethe von nun an öfters zu feierlichen Huldigungen, am schönsten im Epilog zu Schillers Glocke (1805).

Mit den ersten Nachbildungen des griechischen Epigramms (»Antiker Form sich nähernd«, 1782) tat der Iphigenien-Dichter einen weiteren Schritt in die Antike, um sich das geistreich knappe Spiel dieser Literaturgattung zu erobern. Acht Jahre später erneuerte er den Versuch in den Venezianischen Epigrammen, diesem vieltönigsten und gedankenvollsten poetischen Tagebuch, und kam damit unbewußt der Spätantike ganz nahe; glücklicher noch erscheint der Gedanke ins zeitlose Bild erhoben in dem Zyklus Vier Jahreszeiten. Demgegenüber sind die gleichzeitigen Xenien (1796), die »Gastgeschenke« an literarische Freunde und Feinde, trotz ihrer literargeschichtlichen Bedeutung von geringerem menschlichen Belang; in den Weissagungen des Bakis (1798) zieht sich die Gattung dann in ein absichtlich unverständliches Rätselspiel zurück.

Die Großform der Elegie verwandte Goethe im Wettkampf mit den römischen »Triumvirn« Catull, Tibull und Properz, um römische Erlebnisse und seinen Liebesbund mit Christiane poetisch zu ge-

IV

stalten; so entstand die Wunderwelt der Römischen Elegien (1788–1789), in der sinnliche Gegenwart und große Vergangenheit sich durchdringen. Noch reiner ist die Verewigung des Typischen gelungen in den großen Idyllen Alexis und Dora, Der neue Pausias, Euphrosyne. Derselben leidenschaftlichen Form bedient sich auch die »Christiane gewidmete« Metamorphose der Pflanzen (1798), während die Metamorphose der Tiere (um 1795) im ruhigen Hexameter Goethes geheimste Überzeugung von der Einheit des Natur- und des Sittengesetzes verkündet. – Beide Werke erneuern im höchsten Sinn die Gattung des Lehrgedichts, die in der Aufklärung ebenso beliebt wie heruntergekommen war.

Die Anpassung der deutschen Sprache an die antiken Formen gelingt Goethe nur schwer und teilweise. Oft werden der so wichtige Zeilenanfang und die vierte Hebung des Pentameters mit belanglosen Worten besetzt (»Eines glücklichen Paars«, »es ist Anakreons Ruh«), der Zeilenschluß des Hexameters an zwei konsonantenschwere Wörter verteilt (»...getrennt ward«). Im deutschen Vers von feinstem Gefühl, hat Goethe den fremden nie ganz meistern lernen, und es begann die Zeit, wo der Liebling und König der deutschen Sprache sie zu schelten wagte – ein bedauerliches und bedenkliches Zeichen seiner damaligen Entfremdung vom Mutterboden; sie gehört gleichwohl mit zum Wesen und den Aufgaben des deutschen Geistes und hat zu der großartigen Eindeutschung jener Fremdformen und damit zu unerhörter Schmeidigung und Bereicherung unsrer Sprache geführt.

Es bleibt eine der inkalkulabelsten Produktionen . . .; ja, um sie zu beurteilen, fehlt mir beinahe selbst der Maßstab. Annalen

EPIK

WILHELM MEISTER

Die Klassik, als Zeit beruhigter Weltüberschau, ist der Epik günstiger als die Jugend Goethes; das bezeugt eine Reihe bedeutender Versuche. Zwar die groß angelegten »Geheimnisse« sollten leider stecken bleiben, und fast wäre dies Schicksal auch dem Wilhelm Meister zuteil geworden: erst zwanzig Jahre nach seinen Anfängen wurde er, 1794–1796, vollendet oder vielmehr teilweise abgetragen, umgebaut und mit einem Notdach versehen, dem dann, bis 1829, noch andere Anbauten folgen sollten. Wie der Faust hat der Roman den jungen, den klassischen und den alten Goethe beschäftigt und ist darüber ebenso uneinheitlich, aber auch reich geworden.

Wilhelm Meisters theatralische Sendung, der sogenannte Urmeister, ist der Entwurf eines Romans, dessen zweite Hälfte Goethe nicht mehr niedergeschrieben hat und dessen Plan nicht erhalten ist. Mit großen Unterbrechungen von 1777–1785 aufgezeichnet, reicht die Dichtung deutlich in die Frankfurter Zeit zurück. Das besagt von vornherein, daß Wilhelm in die geistige Nähe Werthers und Fausts gehört. Ein »großer Mensch« also, ein Genie ist es, dessen Leben von früher Kindheit bis zum ersten Jünglingsalter der Dichter erzählt. Mit unbewußter Sicherheit wächst Wilhelm seinem Beruf, seiner »Sendung« eines Theaterdichters, Schauspielers und Erneuerers der deutschen Bühne entgegen; sein

Vorname deutet auf Shakespeare, den »Will of all Wills«, und wie symbolisch sein Zuname ist, sieht man daraus, daß er sich als Schauspieler vorläufig »Geselle« nennt. Der Bürgersohn lernt das Theater in allen Formen vor und hinter den Kulissen kennen; eine dämonische Macht treibt ihn diesem gesellschaftlich verachteten Kreis unwiderstehlich zu, und widrige, selbst grausame Erlebnisse vermögen den Idealisten nicht zu verbittern, seinen Lebens- und Schaffensmut nicht zu lähmen. Geheimnisvolle Wesen, Mignon und der Harfenspieler, deren Schicksale er auf sich nimmt, belohnen seine Seele mit ahnungsvollem Leid und Trost. Fast wider Willen erringt er als Dichter und Darsteller einen Triumph: Goethe macht ihn zum Verfasser seines eigenen Jugenddramas Belsazar, wie er ihm auch seine eigenen Puppenspiel- und Kindertheater-Erlebnisse zuerteilt, und ebenso läßt er ihn die mächtige Revolution erleben, die ihm selber die Bekanntschaft mit Shakespeare erregt hat. Der Roman bricht in dem Augenblick ab, wo der größte Theatermann Deutschlands sich den Jüngling als Dramaturgen und Darsteller gewinnt; zu vermuten ist noch, daß Wilhelm die erste deutsche Hamletaufführung durchsetzen und dabei die Titelrolle kreieren sollte. So erscheint seine bisherige Laufbahn als Weg zur Erfüllung alles dessen, was man seit Gottsched, Lessing und dem Sturm und Drang als höchstes Ziel der deutschen Kunstbestrebungen angesehen hatte. Kein Zweifel, daß der Verfasser der ersten Bücher dieses Ziel billigt und seinen Helden ernst nimmt, auch wo er ihn lächelnd übersieht.

Denn er ist fast ein Selbstporträt des jungen Goethe, nicht nur des Dramatikers mit seinen Theater-Erfahrungen, theoretischen Anschauungen und verschwiegenen Hoffnungen, sondern auch des Privatmenschen: dieselbe lebhafte Empfindung und Einbildungskraft einer sanguinischen Natur, derselbe schöpferische Ernst und Fleiß in Kunstdingen, dieselbe Liebefähigkeit und Anziehungskraft, auch die nämliche idealistische Unbekanntschaft mit der Welt. »Ich habe nicht leicht jemanden gesehen, der die Menschen, mit denen er lebt, so von Grund aus verkennt wie Sie. Erlauben Sie mir es zu sagen: wenn man Sie Ihren Shakespeare erklären hört, glaubt man, Sie kämen eben aus dem Rate der Götter, die sich beredet, Menschen nach eigenem Bilde zu machen; und wenn Sie mit Leuten umgehn, sehe ich in Ihnen das erste groß geborene Kind der Schöpfung, das mit sonderlicher Verwunderung und erbaulicher Gutmütigkeit Löwen und Affen, Schafe und Elephanten anstaunt und sie treuherzig als seines Gleichen anspricht, weil sie eben auch da sind und sich bewegen«, sagt Aurelie zu ihm, und der »Meister« bestätigt sein »schülerhaftes Wesen« mit den Worten: »Ich habe von Jugend auf mehr einwärts als auswärts gesehen, und da ist es sehr natürlich, daß ich den Menschen bis auf einen gewissen Grad habe kennen lernen, ohne mich auf die Menschen im geringsten zu verstehen« – Worte, die der voritalienische Goethe oft genug von sich gesagt hat.

Damit ist ein komisches Gegenbild gegeben zu der tragischen »Disproportion des Talents mit der

Welt«, die Goethe als das Thema des Tasso bezeichnet hat, die aber auch dem Werther und Faust eignet. Ihnen gegenüber, die zu starr sind um sich zu biegen und die daher brechen, besitzt Wilhelm das glückliche Naturell seines Dichters und seine Kraft, als immer Werdender auch durch schwere Prüfungen zu wachsen; man darf z. B. aus den Lehrjahren schließen, daß es Mignon, nicht Philine war, die er in der Nacht nach der Hamletaufführung umarmt und damit zerstört: Schmerz und Schuld sind dem Genius zur letzten Reife verhängt.

Wie lange sich Goethe mit seinem »dramatischen Ebenbild« (1782) eins gefühlt hat, ist nicht auszumachen; im Laufe des ersten Jahrzehntes wächst er über ihn ebenso hinaus wie über Egmont, Tasso und Faust. Deutlich wird auch aus brieflichen Äußerungen Goethes seine Absicht, den Theaterroman, der schon zum Reiseroman geworden war, immer mehr zu einem Weltbilde zu erweitern. In demselben Maße mußte sich die ursprüngliche Ansicht der Dichtung verschieben, mußte der weltüberlegene »Meister« der Bühne zum weltbedürftigen Schüler des Lebens werden; unter dem stillen Einfluß von Wielands Agathon wandelt sich der Genieroman in einen Bildungsroman. Dem Goethe des ersten Jahrzehnts tritt ja zudem das Drama zurück hinter der Aufgabe der Selbsterziehung. Wenn aber nicht in der einseitigen Ausbildung eines zufälligen Talents, sondern in der allseitigen Ausbildung der menschlichen Anlagen zur Harmonie einer Persönlichkeit das Heil liegt und wenn anderseits die flüchtigen Erschütterungen durch die Scheinwelt der

Bühne nichts beitragen zur Erreichung dieses Hochziels, so mußte Wilhelms Weg als Irrweg, und der Glaube, von der Bühne aus die Nation zu bilden, als Wahn erscheinen.

Mit solchen Anschauungen war der ursprüngliche Sinn der Sendung aufgegeben, und der Roman hätte Bruchstück bleiben müssen. Aber Goethe hatte schon zu viel edelsten Lebensstoffes hineingesteckt, um ihn liegen zu lassen, und unternahm es in den 1790er Jahren, das Vorhandene, teilweise grausam verkürzt und umgedeutet, in die vier ersten Bücher der Lehrjahre umzuschreiben. Daß unter dem ganz veränderten Gesichtspunkt doch so viel des alten Theaterwesens beibehalten wurde, hat der Dichter mit einer genialen Wendung gerechtfertigt; als Wilhelm (VII, 3) mit Bitterkeit die Originalitätssucht und Willkür, die Eitelkeit und den Eigennutz seiner Bühnengenossen rügt, erwidert Jarno: »Wissen Sie denn, daß Sie nicht das Theater, sondern die Welt beschrieben haben?« Er behauptet damit aufs Glücklichste die allgemeine Gültigkeit des vorliegenden Sonderfalls; aber wie immer begründet, ist die Herübernahme eines so großen Teils des alten Bestandes höchlich zu begrüßen: auch in der klassizistischen Umformung wirkt die Kraft und Fülle der Jugenddichtung. –

Jetzt wird Wilhelm zum unfertigen, unsichern, immer gegängelten Dilettanten nicht nur der Kunst, sondern auch des Lebens, dem zu später Meisterschaft zu verhelfen sich ein Bund mehrerer Personen bemüht. Dabei muß man sich freilich gegenwärtig halten, daß die klassizistische Theorie im Unbestimmten, in der »Unbezeichnung« einen Wert sieht; Wilhelm von Humboldt rühmt des Helden »durchgängige Bestimmbarkeit, ohne fast alle wirkliche Bestimmung, sein beständiges Streben nach allen Seiten hin, ohne entschiedene natürliche Kraft nach einer ..., darum wird auch jeder Mensch im »Meister« seine Lehrjahre wiederfinden«. Also eine »mittlere Natur«, nach Gottfried Körners gleichzeitigem Wort, der typische Jüngling, wie ihn seit Homers Telemach und seit der griechischen Plastik jede klassische Kunst gesehen hat.

Die übrigen Gestalten des alten Romans, soweit sie nicht ausgeschieden wurden, konnten in der kräftigen Bestimmtheit ihres Charakters belassen werden: mit ihrer individuellen Beschränktheit sind sie wirksame Gegenbilder des Einzigen, der an und neben ihnen den Zugang zum allgemein Menschlichen sucht. Nur zwei Personen, die wundervollsten Eingebungen des Jugendromans, die Sinnbilder von Goethes Sehnsuchtsjahren, mußten unheilbaren Schaden leiden: Mignon und der Harfner erscheinen jetzt als Kranke und Entartete; es ist der schmerzlichste Verlust, den der neue Plan nötig machte.

Wir sehen Wilhelm nicht allmählich reifen, sondern Gestalten einer höheren Welt treten, teils in Aufzeichnung und Erinnerung, teils in Person Wilhelm nahe, und wir werden gleichsam aufgefordert, aus der Wirkung, die wir selber erfahren, auf die fortschreitende Läuterung des Helden zu schließen; sie wird am Ende, ähnlich dem Ausgang des Nathan, versinnbildlicht durch die Aufnahme Wilhelms in jenen erlauchten Kreis und durch seine

Verbindung mit Natalie. Es ist ein Abschluß, den Goethe bald als verfrüht und unbefriedigend empfunden und in den Wanderjahren gewissermaßen zurückgenommen hat.

Ähnlich wie Wilhelm erscheinen die meisten andern Personen, vor allem der neuen Bücher 5–8, dem Typus angenähert. Felix als Kind, Friedrich als mutwillig ungebärdiger Halbreifer, Lothario als der tätige Mann und Therese als Hauswirtin, Jarno als Verstandes- und Weltmensch, der ästhetische Oheim und die Stiftsdame sind solche Typen; Natalie, als ideale Gestalt, ist im zarten Umriß gegeben, während andere Personen, wie der Abbé und der Marchese, kaum mehr deutlich werden.

Diese Welt typischer Menschen ist nach ihrer mehr oder minder entwickelten »Menschheit« geordnet durch zwei symbolische Mittel. Einmal verknüpft Goethe einzelne Personen durch Verwandtschaft oder Heirat. So macht er Mignon zur Tochter-Nichte des Harfenspielers, so kommen Lothario und Therese, Friedrich und Philine zusammen, und Wilhelm erlangt Natalie. Zum zweiten benutzt Goethe die Form der Zeit, um eine Steigerung bestimmter Werte zu zeigen. Die Stiftsdame vertritt die geschichtlich älteste, die pietistische Form des Individualismus; ihre einseitige Beschränkung auf sich selbst erlaubt ihr keine Wirkung in die Weite. Im Gegensatz zu ihr überliefert der Oheim die Werte ästhetischer Lebensführung aus dem Rokoko in die neuere Zeit. Natalie als Lieblingsnichte der »schönen Seele« und als Zögling des Oheims verbindet jene Lebensformen in einer harmonischen

Natur, und so wird am Ende des Romans der Name einer »Schönen Seele« ausdrücklich für sie in Anspruch genommen: vor unsern Augen wird die Menschheit reicher und reifer.

Den Sinn der Handlung geben meist nur Gespräche der Handelnden: hohe Lehre der Humanität. Gegenüber dem selbstgefälligen Vertrauen der Jugend auf das Schicksal ist es Mannessache, im Bunde mit Gleichgesinnten das Leben bewußt der Vernunft zu unterwerfen; hier verliert auch der Tod seine Schrecken, ja gerade vor ihm wird das immer Wiederkehrende und Dauernde der Natur sichtbar und empfängt das menschliche Dasein die Weihe des »heiligen Ernstes«. Das Höchste und Letzte ist tätige Liebe; indem sie den Einzelnen in Harmonie zum Ganzen setzt, macht sie ihn erst zum Menschen.

Trotz seiner Lehrhaftigkeit behält der Roman doch den Charakter einer Dichtung: Gedanken und Handlungen vollziehen sich meist in und an Menschen. Hier die Klage und Anklage tiefster Not und Sünde »Ihr laßt den Armen schuldig werden, Dann überlaßt ihr ihn der Pein«; hier auch die Heiterkeit wahrhafter Reinheit und handelnder Liebe. Den gefährlichen Untergrund jeder schöpferischen Persönlichkeit enthüllt Lothario, und in anderen Gestalten arbeitet die dumpfe Natur, ohne ins Geistige und Sittliche hinaufzulangen. Doch auch Schwärmersinn und Beschränktheit können das höchste Ziel verfehlen, wie der Graf und die »schöne Seele« zeigen, und anderseits findet Wilhelm das Heil, obwohl er an mehr als einem Menschenleben schuldlos schuldig geworden ist. Das Antlitz des Lebens bleibt vieldeutig, und doch klingt dem tätigen Menschen auch hier das »Wir heißen euch hoffen!«

Der unerschöpfliche Reichtum des Romans rührt daher, daß an ihm Jugend und Mannesalter Goethes teilhaben. So klingt hier das Lebenslied in größerer Wahrheit, wo es nicht dem Zwang und Drang einer Stunde entstammt; und wie künstlerische Absicht sieht es aus, wenn die wirre Welt naturhafter Leidenschaft in heißeren Farben steht als die letzten Höhen.

In der Bewunderung des Werkes, dieses ersten Weltbildes unsrer neuen Literatur, trafen sich sonst feindliche Gruppen. Neben Schiller trat sein Gegner Friedrich Schlegel mit dem kongenialen Wort: »Die französische Revolution, Fichtes Wissenschaftlehre und Goethes Meister sind die drei größten Tendenzen des Zeitalters«; es war der knappste Ausdruck der Wirkung, welche die Frühromantiker durch den Roman erfuhren. Die Bildungsromane und Weltbilder, die sie dann in freundlicher oder gegensätzlicher Anlehnung an die Lehrjahre schufen, sind von andern und wieder andern abgelöst worden bis zur Gegenwart; sie alle offenbaren die fortdauernde Gewalt und zeugende Kraft des Urbildes.

Diese Wirkung verdankt der Roman mehr seiner Idee, dem Bildungsgedanken, als seinen epischen Werten; denn diese sind, verglichen mit andern großen Romanen der Weltliteratur, gering. Die blassen Gestalten der neuen Bücher, oft fast bloße Allegorien, und die mehr bedeutungsvolle als bedeutende Handlung mit ihren klischeehaften Erfindungen geheimnisvoller Gesellschaften, räuberischer Überfälle, verwechselter Giftflaschen und plötzlichen Wegsterbens, sie nehmen sich bescheiden aus gegenüber dem, was Homer und Ariost, Cervantes und Grimmelshausen, Fielding, Thackeray, Balzac und die Russen an Abenteuern der Seele und der Sinne geben. Zum Teil ist die weit engere Skala des Goetheschen Romans eine Folge seiner klassizistischen Ansichten und Absichten; er selbst hat später einmal (1823) seine Umwelt dafür verantwortlich gemacht. Im Blick auf Walter Scott und seine reiche Geschichtswelt bekannte er: »Ich habe im Wilhelm Meister den allerelendesten Stoff wählen müssen, der sich denken läßt, herumziehendes Komödiantenvolk und armselige Landedelleute, nur um Bewegung in mein Gemälde zu bringen.« – Es ist die enge und zahme Welt des deutschen achtzehnten Jahrhunderts, der Goethe verhaftet ist und die seiner an sich schon nicht ursprünglich epischen Natur wenig Stoff und wenig Anreiz zu Erfindungen bietet, wie sie wildere Jahrhunderte oder ein reicheres Staats- und Gesellschaftsleben den Dichtern anderer Völker gegeben haben.

Ihre Geschichte sei unterhaltend, so lange wir sie hören, befriedigend, wenn sie zu Ende ist, und hinterlasse uns einen stillen Reiz weiter nachzudenken.

NOVELLEN

Während der Umarbeit des »Meisters« führte Goethe, 1795, mit den Erzählungen deutscher Ausgewanderten die Gattung der Novelle mit Rahmenerzählung bei uns ein, nach dem Muster des Decamerone. Die Rahmenerzählung zeigt, welche Sachlichkeit Goethe damals schon der Revolution gegenüber errungen hat; die Erzählungen, meist Übersetzungen französischer Anekdoten, tragen erst in den letzten drei Stücken, dem Prokurator, den Wunderlichen Nachbarskindern und dem hochsymbolischen Märchen Goethes eigene Handschrift: sie mahnt zu Entsagung und Selbstopferung.

Ein Nebenwerk und als Ganzes wie im Einzelnen leicht genug gezimmert, haben die »Ausgewanderten« gleichwohl die Romantiker alsbald zur Entwicklung der deutschen Novelle angeregt und damit eine unabsehbare Wirkung getan.

Deutschen; selber führ ich euch zu in die stillere Wohnung
Wo sich, nah der Natur, menschlich der Mensch noch erzieht.

HERMANN UND DOROTHEA

Wie viel zusammenwirken muß an Gunst des künstlerischen Motivs, des Zeitalters, der Erfahrung und der theoretischen Anschauungen des Künstlers, nicht zuletzt auch seiner persönlichen Umstände und Zustände, bis der Keim eines Einfalls bis zur Blüte aufgehe, kann man mit einer fast ängstigenden Beglückung an der Entstehung von Hermann und Dorothea beobachten und dabei zugleich einen lohnenden Blick tun in das geheimnisvolle Verhältnis von Stoff und Form.

Im Jahre 1794 lernte Goethe den Stoff seines nachmaligen Epos kennen: die Erzählung von einem Salzburger Bauernmädchen, das mit dem Zug der von ihrem Erzbischof vertriebenen Lutheraner durch

Bayern wandernd das Wohlgefallen eines begüterten Bürgersohns erregt, von ihm erst als Magd gedungen, dann als Gattin begehrt und gewonnen wird, nachdem den zunächst widerstrebenden Vater der Hinweis des Predigers umgestimmt hat, »es könne Gott seine sonderbare Schickung darunter haben«. Eine erbauliche Kalendergeschichte, möchte man sagen, wie es deren manche gibt, und weit war der Weg zu dem Epos, in das sie sich schließlich verwandelt hat.

Zunächst hat Goethe an eine dramatische Behandlung gedacht – das wäre ein unausdenkbar Anderes geworden. Dann brachte das Frühjahr 1795 eine Reihe literarischer, politischer und persönlicher Ereignisse, providentielle Entscheidungen gleichsam, die in Goethes Geist den Stoff seinem noch verborgenen Ziel entgegentrieben. Es erschienen gleichzeitig Vossens »Luise, ein ländliches Gedicht in drei Idyllen«, Friedrich August Wolfs Prolegomena ad Homerum und Schillers Naive und sentimentalische Dichtung. Wenn Schiller in genialer Selbstverteidigung den die Natur suchenden modernen, »sentimentalischen« Dichter dem »naiven« Dichter gegenüberstellte, welcher Natur ist, und im Dichter des Werther, Tasso, Meister und Faust den seltenen Genius feierte, der Unvereinbares vereinigend das Sentimentalische naiv behandle, so mußte sich Goethe im Tiefsten begriffen und bestärkt fühlen. Nicht minder wichtig war die Hervorhebung der Idylle als der für einen naiven Dichter ebenso hohen wie schweren Gattung; Schiller selbst würdigt in diesem Zusammenhang die Luise. Die hausbackenen Bilder niedersächsischen Dorflebens im Gewande des homerischen Verses hat auch Goethe so weit überschätzt, daß er sich, seiner Gewohnheit nach, gestimmt fühlte, sich gegen dieses Vorbild produktiv zu verhalten; damals ist ihm statt dramatischer Behandlung eine »Idyllenreihe« als geeignete Form für seinen Stoff erschienen. Wolfs berühmte, bis heute fortwirkende Untersuchungen wollten die bisher als Werk eines Dichters geltenden homerischen Epen einer Schule von Dichter-Sängern, den „Homeriden" zuweisen. Goethe hat sich von dieser Hypothese nicht überzeugen, aber schöpferisch anregen lassen; erschien doch hier eine neue epische Kurzform als poetische Gattung, so daß ihm der Übergang von jener Idyllenreihe Vossischer Prägung zum kleinen Epos leicht werden mußte.

Aber auch die hohe Politik wirkte auf das keimende Werk. Der Baseler Friede (April 1795) und der Vorfriede von Leoben (April 1796) schienen die kriegerische Auseinandersetzung der alten Mächte mit dem revolutionären Frankreich zu enden und eröffneten die Aussicht auf eine neue Zeit des Friedens. Jetzt erst, darf man vermuten, ist Goethe ein ruhiger Blick auf das Kräftespiel der deutschen und der französischen Macht möglich gewesen; und dieser Zeit muß also wohl der Gedanke angehören, Ort und Handlung seines Plans ins Rheinland der nächsten Gegenwart zu rücken.

Inzwischen war die alte Last des Wilhelm Meister endlich abgeworfen, und es regte sich die Lust, sich zur Abwechslung einmal in kleineren Formen zu versuchen; nach den Episteln und den

Xenien entstand im Mai 1796 die Idylle Alexis und Dora.

Als Goethe zwei Monate später an den Hermann geht, nennt er ihn beim ersten und zum letzten Mal »Bürgerliche Idylle« – womit offenbar der moderne Stoff und Gehalt im Gegensatz zum antikisierenden Alexis gemeint ist: es mußte den Dichter locken, das allgemein Menschliche, das dort im Kleide eines zeitlosen Altertums gegeben war, in weit schwererer Arbeit dem deutschen Alltag der Gegenwart abzugewinnen. Dem polaren Wesen Goethes entspricht es auch, daß er dem Bürgerstand, der in den Lehrjahren reichlich schlecht weggekommen war, jetzt verklärend seine Ehre wiedergab und daß er gerne aus der Prosa des Romans in die poetische Sphäre des Epos überging. Denn bald wird die »große Idylle« zum Epos, mit seinen weit größeren Forderungen und Möglichkeiten; in der Abgeschiedenheit von Jena gelangen in rascher Schaffenslust des Herbstes 1796 die ersten sechs Gesänge, im folgenden März der Rest.

Das kurz zuvor entstandene Spottgedicht Musen und Grazien in der Mark (»Glücklich wenn ein deutscher Mann Seinem Freunde Vetter Micheln Guten Abend bieten kann ... Immer sagt man: Gestern Abend War doch Vetter Michel da!«) zeichnet den platten und selbstgefälligen Realismus, den Goethe zu überwinden gedachte. Man mag sich auch die oben skizzierte »Kalendergeschichte« einmal im Tone Hebels, Roseggers und Ludwig Thomas vorstellen, oder gar im Geiste von Niebergalls Datterich, und man sieht, was Goethe aus seiner Vorlage gemacht hat. Die Gesetze der epischen Gattung, die er während dieser Arbeit gemeinsam mit Schiller den homerischen Gedichten abgewinnt, und, nicht minder wirksam, die Forderungen der bildenden Kunst sind es, nach denen er sich richtet. Mit dem »völligen Bewußtsein«, das ihn damals beim Schaffen erfüllt, schreibt er Meyer: »Ich habe das rein Menschliche der Existenz einer kleinen deutschen Stadt in dem epischen Tiegel von seinen Schlacken abzuscheiden gesucht und zugleich die großen Bewegungen und Veränderungen des Welttheaters aus einem kleinen Spiegel zurückzuwerfen getrachtet.« Denselben Freund fragt er, ob er »in dem modernen Kostüm die wahren echten Menschenproportionen und Gliederformen anerkennen« werde und wagt die so bezeichnende Behauptung; »Der Menschenmaler ist eigentlich der kompetenteste Richter der epischen Arbeit.«

Jene auszuscheidenden »Schlacken« sind also jede Art beschränkter Wirklichkeit. Nicht Badenern oder Hessen, sondern »Deutschen führ ich euch zu« verheißt die Elegie, wenn auch die rheinische Färbung unverkennbar ist. Der Dichter malt nicht Runzeln und Warzen wie ein Altniederländer; Menschen und Dinge sind in der Verklärung der Ferne gegeben, in der auch die Fliegen im Hausflur, der Drang und Staub des Wagenzuges ein heiteres Aussehen haben: idealische Stilisierung der Landschaft, der Gebäude und Geräte, der Gebärden und Reden, wie sie der homerische Vers bewirkt oder fördert durch gehobenen Ausdruck und feierndes Wort. Die von Werther vergeblich ersehnte Einfalt der »patriarchalischen Idee« stellt die klassische Dichtung scheinbar mühelos dar, und die Herrlichkeit der Welt singt sich gleichsam selber.

Am sinnfälligsten wird die stilisierende Arbeit des Dichters in der Zahl und Auswahl der Personen. Dem Vater und Sohn seiner Vorlage fügt er die Mutter hinzu und umreißt damit erst den Kreis einer Familie, die als Ur- und Idealform menschlichen Zusammenlebens und als Grundlage jeglicher Kultur in den Schlußworten der Dichtung zur Größe des Symbols aufsteigt. Die mehreren Hausfreunde jener Erzählung zieht er dagegen in zwei zusammen, die mit dem Wirt den engsten Honoratiorenkreis des Städtchens bilden. Diese fünf Personen, an sich und untereinander Vertreter zahlloser Menschen und ihrer Beziehungen, vereinen in einer stets neu beglückenden Weise Typisches und Individuelles. Der Vater, lebhaft, bürgerlich tüchtig und strebsam, etwas heftig und launisch, aber gutherzig bis zu Tränen, »der menschliche Hauswirt«; die Mutter, eine unermüdlich tätige Hausfrau, liebreich und klug ausgleichend, dem Sohne nahe, dem der Vater ferner steht; der Sohn endlich, der echte deutsche Jüngling in der scheuen Herbheit des Gefühls – sie haben unendlich oft so miteinander und gegeneinander gelebt. Von den Hausfreunden stellt der jugendliche Pfarrer weniger einen ausgesprochen religiösen als einen heiter sittlichen Charakter dar; ihm als dem geistig überlegenen, weltgewandten und wohlwollenden Manne fällt in den Gesprächen wie in der Handlung eine Art Führung zu. Bewundernswert ist die Gestalt des Apothekers ersonnen und ausgenutzt. Der naive Egoist und Sonderling vertritt das Komisch-Beschränkte, das überall im Leben mitspricht und mittut; ohne ihn hätte dieser Ausschnitt bürgerlichen und allgemein-menschlichen Wesens ein zu ideales Ansehn, und Handlung wie Gespräch würden reizvoller Umwege und Ausblicke entbehren: weniger sprühend als in seiner Jugenddichtung, aber bildkräftiger hat Goethes Humor hier eine unsterbliche Gestalt geschaffen.

Die Handlung, auf wenige Stunden zusammengedrängt, hat in ihrem raschen Gefälle etwas Dramatisches, mit dem der epische Gang des Verweilens und Zurückweichens lieblich streitet. Seit dem Anfang des zweiten Gesangs hat man das Ziel vor Augen, das aber immer wieder zu schwinden droht und erst spät erreicht wird. Wie beim Werther und in den Wahlverwandtschaften entzückt die bedeutungsvolle Verwendung von Leitmotiven, wenn etwa der nachmittägige Gang der Mutter – und vorher Hermanns – am Abend von den Liebenden in umgekehrter Richtung und mit veränderten Gefühlen wiederholt wird. In gleicher Weise wirkt auch verhaltene und doppelsinnige Aussprache. Dorothea sagt beim Abschied: »Dieser kommt und wirbt, in seinem Haus mich zu sehen«, und dieselben Worte erscheinen, mit so anderem Sinn, in Hermanns Erklärung; »Ich kam, um deine Liebe zu werben.« Die Dichtung ist reich an solchen seelenvollen Andeutungen.

Sie wirken um so ergreifender, als der Dichter Bild auf Bild vorüberziehen läßt, ohne einen Anteil seines Gemütes zu verraten. Diese scheinbare Gleichgültigkeit, dem »naiven« Homer glücklich nachgeahmt, ist es, was der »großen Idylle« schon äußerlich den epischen Charakter gibt. Wichtiger ist freilich, daß die Bilder in Gang gebracht, der unbedeutende Schauplatz mit dem Weltganzen in Beziehung gesetzt, eben »die großen Bewegungen und Veränderungen des Welttheaters aus einem kleinen Spiegel zurückgeworfen« werden. Hier liegt die eigentliche geistig-poetische Leistung Goethes, welche den kleinlichen und peinlichen Anlaß seiner Vorlage durch einen nationalen, ja metaphysischen Gesichtspunkt ersetzt. Denn es geht ja nicht nur um einen Kampf Deutschlands gegen Frankreich, sondern, wie Goethe einmal schreibt, »das Ganze schien mir zu fordern, daß die zwei Gesinnungen, in die sich jetzt beinahe die ganze Welt teilt, nebeneinander dargestellt würden«. Damit ist der politische und nationale Gegensatz der beiden Völker aufgehoben in eine dauernde, ewig gültige Auseinandersetzung und Entscheidung zwischen den Mächten »ruhiger Bildung« und des Chaos. Nur am Schluß, in den letzten hundert Versen, ist diese tiefste Absicht des Gedichtes ausdrücklich ausgesprochen; im übrigen Gedicht erscheint sie, nach Goethes Art, verhüllt und ganz in Gestalt und Handlung verwandelt.

Hinter dem »rein Menschlichen« deutschen Bürgerdaseins und hinter den besonnten Bildern der rheinischen Fruchtlandschaft steigt die Wetterwand der Revolution und eines bösartigen Fanatismus auf. Ihre Drohung wird von ferne sichtbar in dem Jammerzug der Vertriebenen, sie erscheint mit ihren politischen und geistigen Phasen in der Erzählung des Richters, sie meldet sich am nachdrücklichsten mitten im Glück der Verlobung, wenn die Rede ihres ersten Bräutigams Dorothea verwirren und damit den neuen Bund schwächen will.

Die Gegenwirkung ist in die Entwicklung Hermanns gelegt, des einzigen Werdenden unter den fertigen Charakteren des Epos; es bezeichnet seinen Rang, daß er allein auf jene Drohung antwortet, indem er an ihr reift und sie schließlich geistig überwindet; er wächst damit in seinen bedeutungsvollen Namen hinein. Wie einer der mythischen Helden unsrer Dümmlings-Märchen und -Sagen, wie Parzival und seinesgleichen wird der Knabe und Jüngling in seinem kindlich lauteren Wesen verkannt und ist sich selber am wenigsten seines Wertes bewußt. Dafür besitzt er den untrüglichen Blick des reinen Gemütes für das Echte und behauptet ihn in der Abwehr selbst der Mutter gegenüber. Als er aber den gleichen und ebenbürtigen Menschen sieht, erwacht er zu sich, und der Bescheidene und Schüchterne nimmt entschlossen sein Schicksal in die Hand. Es geht hart am Tragischen vorbei – fast treibt es ihn aus dem Kreise seines Lebens in Krieg und Tod. Aber die Zone der Verzweiflung wird rasch durchschritten, und der männlich sich Bändigende und Beherrschende wird des schönsten Lohnes würdig. Dorothea, die »Gottesgabe«, die ein Wunder ihm schenkt, möchte fast zu hohen Wuchses erscheinen neben dem Jüngling, den wir eben erst reifen sehn; da gibt ihre letzte Rede Hermann die Gelegenheit, das selbstzerstörerische Schwanken des dahingegangenen Schwärmers für sich und für sie abzuwehren und dem neuen Bunde seinen tiefsten menschlichen, nationalen und geistigen Sinn zu geben, indem er die Ehe als Urzelle aller Werte und Tugenden preist. Was er vor wenigen Stunden noch aus persönlicher Not zu tun drohte, das begreift er jetzt als letzte vaterländische und menschliche Pflicht; in der Haltung eines antiken Heros entläßt ihn die Dichtung:

Und drohen diesmal die Feinde
Oder künftig, so rüste mich selbst und reiche die Waffen.
Weiß ich durch dich nur versorgt das Haus und die liebenden Eltern,
O so stellt sich die Brust dem Feinde sicher entgegen.

Es ist der heilige Ernst unserer Befreiungskriege, den Goethe in Hermanns Gestalt vorempfunden und vorgebildet hat; in den Kampfjahren hat man das auch gesehen und ausgesprochen, und nicht Catels oder Richters Illustrationen zu dem Epos sind dessen Geist und Stil angemessen, sondern Rauchs Reliefs ausziehender und heimkehrender Krieger. In beiden Kunstwerken verklärt sich grade in der griechischen Hülle deutsches Wesen zu reinen Zügen; und ohne Zweifel ist im Hermann das Absehen des Klassizismus am makellosesten verkörpert.

Schiller nannte ihn »einen Gipfel seiner und unsrer ganzen neueren Kunst«; Wilhelm von Humboldt und A. W. Schlegel widmeten ihm Aufsätze, und Goethe selbst blieb dieses »kunstverbergende Kunstwerk« – wie eine Freundin es nannte – bis ins Alter sein »Lieblingsgedicht«, das er »niemals ohne große

Rührung vorlesen« konnte – wohl weil der Leidenschaftliche und Beschwerte hier gleichsam als in Urverhältnissen des Menschlichen ausruhen durfte.

Vergleicht man dies einzige Epos Goethes mit andern Werken seiner Gattung, so zeigt es freilich mehr gedankliche und seelische Werte als eigentlich epische. Ganz fehl ging Schiller, als er im ersten Enzücken »in allem Ernst wünschte, es kämen in dieser spekulationsreichen Zeit einige gute Köpfe auf den Einfall, ein Gedicht, wie unser Hermann und Dorothea ist, von Dorf zu Dorf auf Kirchweihen und Hochzeiten zu rezitieren und so die alte Zeit der Rhapsoden und Minstrels zurückzuführen«. Ebenso wenig kann man es sich an (altionischen, germanischen oder mittelalterlichen) Fürstenhöfen vorgetragen denken; es gehört in die deutsche Bürgerstube oder in das (lutherische) »Kämmerlein«. Denn nur dem Lesen und Wiederlesen erschließt sich der Gehalt der innerlichen und symbolischen Handlung und der Gespräche, die ein so bezeichnendes Übergewicht über die Erzählung haben. Es ist wie beim Wilhelm Meister: weder in der Fülle noch in der Gewalt der Erfindungen kann es der zarte Spätling aufnehmen mit dem, was die Wildheit der griechischen und der germanischen Völkerwanderung, was der Romgedanke des augusteischen Imperiums, was der abenteuernde Tiefsinn mittelalterlichen Rittertums und seine Spiegelungen bei Ariost und Tasso hervorgetrieben haben; dafür übertrifft er alle Vorgänger an Reinheit der Zeichnung, an Geistigkeit, sittlichem Sinn und Seelenschönheit.

Doch Homeride zu sein,
auch nur als letzter, ist schön.

ACHILLEIS

Gleich nach Vollendung dieses Werkes machte sich Goethe an ein ungeheures Unterfangen: im unmittelbaren Anschluß an die letzten Verse der Ilias wollte er, ein Nachfolger Homers selber, die Ereignisse zwischen Ilias und Odyssee erzählen. Von acht geplanten Gesängen dieser »Achilleis« wurde bloß der erste Gesang ausgeführt; dieser ist freilich von so erlesener Schönheit, daß der Verzicht auf die Fortsetzung der Arbeit beklagt werden muß.

DRAMA

Das Drama, die Lieblingsgattung des Sturm und Drangs, trat bezeichnenderweise in der klassischen Zeit Goethes zurück. Das erste Jahrzehnt zeitigte nur drei Dramen, von denen zwei: Iphigenie und Tasso, samt dem Egmont erst in und nach Italien ihre endgültige Gestalt fanden; der Faust blieb gar stecken und erschien in der Ausgabe von 1790 als »Fragment«. Im dritten Jahrzehnt entstand nur ein Bruchstück: Die natürliche Tochter; aber Goethe nahm den Faust wieder auf, vollendete den ersten Teil und den Helena-Akt des späteren zweiten Teils.

Daneben hat er sich als Textdichter um die Reform des deutschen Singspiels bemüht. Die durch Jahrzehnte fortgesetzten Bestrebungen, in denen Goethe ein durchdringendes Verständnis für die Forderungen dieser Gattung gezeigt, haben zwar, durch die Schuld unzulänglicher Komponisten, keinen unmittelbaren Erfolg gehabt, aber gleichwohl späte reiche Frucht getragen – nicht nur in den »Festspielen«, sondern vor allem in der Pandora und im Zweiten Faust, diesen großartigsten Ausgestaltungen des musikalischen Dramas.

Ich höre auf zu leben
aber ich habe gelebt

EGMONT

Der Ur-Egmont wurde sichtlich nach dem Götz und zwischen Werther und Faust entworfen; was Goethe nach Weimar mitbrachte, entstammte wohl meist den letzten leidenschaftlich-bänglichen Frankfurter Wochen, deren Lebensgefühl die Dichtung so stark erfüllt, daß es sich gegen alle Umarbeitungen behauptet hat.

Das betrifft zunächst die lebensprühenden Volksszenen, in denen sich der aristokratische Stolz des Genie-Dichters äußert; entstanden sind sie in der Nachfolge Shakespeares, den sich Goethe, wie er später einmal sagt, »mit dem Götz und dem Egmont vom Hals geschafft« hat. Eine kongeniale Nachfolge, in der sich das Rom Julius Cäsars in kleinbürgerliches Brüssel verwandelt, der große Demagoge Mark Anton in den Winkeladvokaten Vansen, und wo der Pöbel statt nach Cäsars Testament nach dem Buch und den Privilegien der Vorzeit schreit. Ihm gegenüber der große Einzelne, der mit der Menge so wenig zu schaffen hat wie Werther oder Faust. Mit diesen steht Egmont in einem unterirdischen Zusammenhang der Verwandtschaft und des Gegensatzes. Dort der Genius der Empfindsamkeit und Empfänglichkeit, hier der naive Mensch der Tat; und wenn Faust und Werther den schweifenden, grübelnden, nie zu sättigenden Jüngling verkörpern, so stellt Egmont den Mann glückvollen Handelns und Genießens dar, der in sich ruht und das Leben im *Augenblick* zu ergreifen weiß. Auch Fausts und Egmonts Geliebten sind sichtlich aufeinander bezogen, Klärchen als Gegenbild Gretchens entstanden. Beides Kleinbürgermädchen; aber die eine halb unbewußt der Verführung nachgebend, deren Folgen sie seelisch und geistig nicht gewachsen ist, während Klärchen mit stolzer Bewußtheit die Schranken der Bürgerwelt überschreitet und hohen Sinnes Leib und Ruf, Sicherheit und Leben hingibt, ebenbürtige Gefährtin ihres Helden.

Auch zum Götz steht der Egmont in naher Beziehung, gleichsam ein jüngerer Bruder des Ritters, lauter und offen, voll adligen Sinns und Freiheitsdranges, wie dieser, aber hoch über ihn hinausgehoben durch Jugend, Rang, weltgeschichtlich bedeutendes Schicksal, vor allem durch die dämonische Bewußtheit seines Nachtwandlertums und die Kraft, dessen Folgen zu tragen. So mutet das Drama geradezu wie eine künstlerische Korrektur des Jugendwerkes an: die verhältnismäßig harmlose Tragödie des getäuschten Vertrauens vertieft sich zur Tragödie genialer Kindlichkeit.

Egmont ist arglos, sorglos, gutherzig, liebevoll, heiter-verspielt, phantasievoll, vertrauensselig wie ein Kind. Die Welt der »Erwachsenen«, das heißt der Sorgenden, Rechnenden und Berechnenden begreift er nicht, Vergangenheit und Zukunft kennt er nicht, er lebt im Augenblick. Der ist ihm das einzig Gewisse in einem unberechenbaren Dasein; ihn ergreift und genießt er als Jäger, Reiter, Krieger und als Liebender, wobei er die ihm zugetane Kaisertochter verschmähend das ihm wesensgleiche Naturkind sich gewinnt.

Aber solche reine Menschlichkeit ist in dieser Welt ebenso wenig erlaubt und lebensfähig wie Werthers reine Empfänglichkeit; sie ist eine einseitige Größe, die mit dem Tode bezahlt werden muß. Ihn zieht sich Egmont zu, indem er die Forderungen des Lebens, wie es ist, nicht anerkennt und seine Gefährlichkeit übersieht. Es ist sein eigener Tod, als Frucht seines Daseins und So-Seins rasch erkannt und bejaht, ein wahrhaft tragischer, d. h. in sich sinnvoller Tod. Der Goethe des Lili-Jahrs, leidenschaftlich umdrängt von den Gewalten seines Innern, hat solchen Untergang als Drohung oft genug vor sich gesehn. –

So etwa war der Held des Ur-Egmont angelegt, dessen dramatische Bewegung uns indessen ebenso unbekannt ist, wie sein sprachlicher Leib. Schon 1782 wollte der frühklassische Dichter bei der Umarbeit »das allzu Aufgeknöpfte, Studentenhafte der Manier zu tilgen suchen, das der Würde des Gegenstandes widerspricht«. Erst fünf Jahre später, in Rom, fand er Muße und Kraft, das Geniedrama in das Drama klassischer Gesinnung umzuschreiben, »eine unsäglich schwere Aufgabe«.

Es geschah, indem Goethe dem Tode Egmonts einen neuen Sinn gibt. Dem sich zum Mann erziehenden Dichter ist jene Kindlichkeit des Helden nicht mehr verständlich noch anziehend erschienen, der daraus folgende Untergang nicht mehr tragisch. So motiviert er ihn jetzt als Opfertod für die Nation, freilich ohne die Volksszenen selber diesem neuen Ziel anzupassen: nur unsre Kenntnis der Geschichte, nicht das Drama sagt uns, daß aus behaglichen und feigen Kleinbürgern jenes Geschlecht der Meergeusen hervorgehe, das Egmonts letzte Worte leise, allzu leise berufen.

Egmonts Wesen und Lebensweise wird dergestalt zwar ins Unrecht gesetzt, doch wird er weder vernichtet wie Tasso, noch so verändert wie der Wilhelm der Lehrjahre; vielmehr gibt ihm der Dichter eine Entwicklung; dem (wie alle seine Geniegestalten) starren, weil als Ideal empfundenen Helden des ersten Planes hat eine solche noch gefehlt. Zu ihr verhilft ihm sein Gegenspieler Alba, der, ursprünglich als niedriger Neidling angelegt, immer mehr vom Wesen des Staats- und Weltmanns Goethe erhält. In dem (zuletzt – Juli 1787 – entstandenen) vierten Akt erscheint der »finstre Toledaner« nicht nur als unvergleichlicher Heerführer und Staatsmann, sondern auch als scharfsinniger, ja tiefsinniger Denker, der den schwärmerischen Gefühlsäußerungen Egmonts die gegründeten Zweifel eines Menschenkenners entgegensetzt und nichts von den Gedanken schuldig bleibt, die der Anwalt des Staates dem Einzelnen und der Masse gegenüber vorzubringen hat; in den Äußerungen über Freiheit und Ordnung spricht er geradezu Goethes eigene Meinung über jede Revolution aus. Umso höher muß nun freilich Egmont steigen, wenn er der »Held« bleiben soll; es geschieht, indem der

Machtmensch Alba dem Träumer und Genußmenschen unwissentlich zum letzten Befreier von naiver Selbstsicherheit und Selbstsucht wird. Nachdem diese schon vorher immer stärker erschüttert und der Held immer mehr auf die Kräfte seines Innern gewiesen worden, läutert er sich angesichts des Todes vollends zu jenem mythischen Wesen, das von jenseits des Grabes her Albas Werk vernichten wird, wie er ihm noch vorm Tode den einzigen Menschen raubt, den jener liebt. –

Seine Mittelstellung zwischen dem Götz und den klassizistischen Dramen behauptet der Egmont auch in Handlung, Aufbau und Sprache. Verhältnismäßig wenige Auftritte und Personen, die sich dem Typischen bereits nähern. Der lichte, durchsichtige Aufbau meidet die Strenge der Iphigenie wie den überreichen Bilderwechsel des Götz. Die Sprache reicht mit den fast unbewußt entstandenen Jamben der Monologe Albas und Egmonts in den Stil der (gleichzeitigen) Iphigenie hinein, während sie, wenn auch vielfach gebrochen und gedämpft, immerhin noch den Formwillen der Geniezeit erkennen läßt; vor allem in den prallen Volksszenen und in der Tönung nach den verschiedenen Lebenskreisen (Markt, Hof, Bürgerhaus) und Charakteren zeigt sie eine unsägliche Feinheit.

So haben in dreizehnjähriger Arbeit der junge und der frühklassische Goethe ihr Bestes zum Egmont gegeben: jener die kräftigen Farben der ersten Akte, dieser die hohe Sicht des ewigen Kampfes zwischen Macht und Recht, Einzelnem und Staat, Menschenwillen und Schicksal.

Die Dichtung ist so mozartisch leicht und edel, daß sie sich nur langsam durchsetzen konnte. Erst unter dem Druck der Franzosenzeit sah man in dem niederländischen Helden ein Sinnbild eigener Wünsche und Hoffnungen; die Begleitmusik Beethovens (1810) hat zu dieser späten, aber nachhaltigen Wirkung beigetragen.

Ach du warst in abgelebten Zeiten
Meine Schwester oder meine Frau.

DIE GESCHWISTER

Das erste und allein im ersten Jahrzehnt fertig gewordene Werk sind die Geschwister. Innerhalb weniger Oktobertage des Jahres 1776 hingeschrieben, gibt das kleine Drama in lieblicher Verhüllung ein Stück Goethescher Seelengeschichte aus den ersten Zeiten der Freundschaft mit Charlotte von Stein; die Spannung: Schwester – Geliebte, unter der er lebte und litt, ist hier zu zartem Wunschtraum gelöst, in einer Handlung, deren Geschicklichkeit immer wieder entzückt. Der Stil ist noch ganz der der Stella: lebhafte Prosa, heitere Wiedergabe des Lebens.

In reiner Brust allein ruht alles Heil.

IPHIGENIE

Nach der Schweizerreise des Jahres 1775, dem ersten, mißglückten Versuch von Lili loszukommen, schreibt Goethe an Freunde: »Vielleicht peitscht mich bald die unsichtbare Geißel der Eumeniden wieder aus meinem Vaterland.« Sieht er, der vorher schon »Kains Fluch« über sich gefühlt, sich hier unter dem gleichsinnigen Bilde des Orest, so erschafft er sich gleichzeitig das Gegenbild der heilenden schwesterlichen Frau, wenn er an Auguste von Stolberg schreibt: »Hören Sie, ich habe immer die Ahndung, Sie werden mich retten, aus tiefer Not; kanns auch kein weiblich Geschöpf als Sie.« Hiermit ist, schon in Frankfurt, ein Grundthema der Iphigenie angeschlagen.

In Weimar fiel die Rolle, die er »Gustgen« zugeteilt, an Charlotte. Bald nannte er sie Besänftigerin, Schwester, Heilige, und in dem Briefgedicht vom April 1776 ist der dritte Akt unsres Dramas in vier Zeilen eingefangen:

> Tropftest Mäßigung dem heißen Blute,
> Richtetest den wilden irren Lauf,
> Und in deinen Engelsarmen ruhte
> Die zerstörte Brust sich wieder auf.

Einen Monat später ist ihm »die Idee« der Iphigenie gekommen und damit die Möglichkeit, diese seelischen Erlebnisse, statt in Briefe und Gedichte, in die Großform des Dramas zu bannen. Der Einfall ist zweifellos seinem damaligen Studium der attischen Tragödie entsprungen: nachdem Pindar, Theokrit und Homer seine Geniezeit befruchtet hatten, gab ihm die Tragödie, was er jetzt brauchte, und erneute damit die Wirkung der Winckelmann-Oeserschen Gedanken über griechische Plastik. Wie immer fühlte sich Goethe gestimmt, auf den neuen starken Eindruck dichterisch zu antworten; wenn dabei die Taurische Iphigeneia des Euripides im Vordergrunde stand, so hat er doch auch den Dramen des Aischylos und besonders des Sophokles wichtige Motive entnommen.

Die Taurische Iphigeneia gehört nicht zu Euripides' wertvollsten Werken; aber das patriotische Intrigenstück, dessen technisches Geschick übrigens schon Aristoteles gerühmt hat, war eben darum geeignet, Stoff und Grundlage für eine höchst persönliche Neuformung abzugeben.

Die dämonische Unrast, Maßlosigkeit und Verzweiflung, die Goethe zu überwinden sich bemühte, erscheinen hier als titanisches Erbteil früherer Geschlechter, noch drohend und verwirrend, aber kein unausweichliches Schicksal mehr, denn im Bunde mit höheren Mächten stehn seelisch-sittliche Gegenkräfte auf: reine Liebe, Erbarmen, Menschlichkeit, die vor keiner Sünde erschrickt. Sie erscheinen in der Gestalt der Atridentochter, die das ihr gewordene Gott-Erlebnis in leidvoller Verbannung bewahrt, vertieft und weitergibt, bis ihres »Hauses Greuel« sie übers Meer noch erreichen und die fast Heilige in menschliche Versuchung stürzen. Wie sie strauchelt, aber um so herrlicher sich erhebt, ist der ergreifendste Zug dieser Seelenhandlung, in der es nicht nur um das Schicksal Iphigeniens und der Ihren, sondern ebensosehr um Thoas und sein Volk geht, letztlich um das Göttliche auf Erden.

Den Gegenspieler Iphigeniens in den zwei letzten Akten macht dabei nur scheinbar Thoas; in Wahrheit kämpft sie gegen Pylades, dessen Charakter Goethe, gegenüber Euripides, nicht weniger vertieft hat als die beiden Geschwister. Verkörpern diese die seelisch-sittliche Seite seines Wesens, so wird

die Ihren verrät und in die Hand des Gegners gibt, tut sie etwas, was weit schwerer ist und höheren Ranges als die Heldentaten der Männer, an denen sie sich ermutigt. In solchem Willen zum Unbedingten und zur Bewahrung der inneren Freiheit erweist sie sich dann als reinste Blüte dessen, was in Tantalus und den Seinen noch dumpf und frevelnd sich regte, und es wird hier doch eine Art Klärung und Erklärung jener »Greuel« sichtbar, ein Heilsplan, der durch Blut, Qual und Schuld vieler Geschlechter hindurch sich verwirklicht.

In antikem Gewand eine christliche Dichtung der Gebete und Gebetserhörungen weit über menschliches Ahnen hinaus: – nie wieder hat Goethe so uneingeschränktes Vertrauen zu einem sinnvollen und sittlichen Weltregiment ausgesprochen, wie in diesem hohen Festspiel der Humanität. Freilich: der Weltlauf läßt es dem Aufrichtigen selten so gelingen wie der Heldin, und ihr Gebet »Rettet mich und rettet euer Bild in meiner Seele« wird der undurchschaubaren Tragik des Lebens nicht gerecht. Niemand hat das früher gesehen als der Dichter selbst, der, seiner polaren Natur gehorchend, der untragischen Iphigenie alsbald den tieftragischen Tasso folgen ließ.

Fesselnd ist die Betrachtung der Form. Der Taurischen Iphigeneia entnahm Goethe den Aufbau mit seinen beiden Teilen der Wiedererkennung der Geschwister und ihrer Rettung aus dem Barbarenland; im übrigen strich er weg, was für unsere geistige und Bühnenwelt entbehrlich ist; auch die griechischen Versmaße hat er damals noch nicht nachzubilden versucht. Die erste Prosaskizze von 1779 vermochte er erst sieben Jahre später in Blankverse umzugießen; diese Arbeit, den unruhigen Mußestunden des ersten italienischen Vierteljahrs abgezwungen, hat ihn selbst nicht befriedigt, ist aber als Probestück des neuen Stils wichtig und wirksam geworden. Zum ersten Male äußert sich hier jene Mäßigung und Gewähltheit, die Goethe teils der attischen Tragödie ablauscht, teils der »edlen Einfalt und stillen Größe« griechischer Plastik.

> Verbiete du dem Seidenwurm zu spinnen,
> Wenn er sich schon dem Tode näher spinnt.
> Das köstliche Geweb entwickelt er
> Aus seinem Innersten, und läßt nicht ab,
> Bis er in seinen Sarg sich eingeschlossen.
>
> TASSO

Am Tasso hat Goethes Verhältnis zum Weimarer Hof und zu Charlotte von Stein zu verschiedenen Zeiten geschaffen, dazu sein Erlebnis Italiens. Genau ein Jahr nach der Abfassung der Iphigenie, im Frühjahr 1780, ging Goethe die dunkle Kehrseite seiner Beziehungen zu Frau von Stein auf in dem Bilde der Liebe des Dichters Tasso zu der ihm unerreichbaren Prinzessin von Ferrara. Dieser Urtasso, 1780–1781 nur zu einigen Akten in »weichlicher nebelhafter« Prosa gedeihend, sollte scheint's den Dichter nicht an sich, sondern an den Tücken der Höflingswelt scheitern lassen; für Tassos Charakter und Schicksal war Goethe dabei noch auf die rührselige Überlieferung angewiesen, die alles Licht auf den (ihm seit Jugend vertrauten) Dichter häufte; vielleicht ist dieser Umstand sowie die allmähliche

Verdüsterung seines Verhältnisses zu Charlotte Schuld daran, daß das Drama zunächst stecken blieb.

Als Goethe den Entwurf in Italien vornahm, geschah es schon mit veränderten menschlich-künstlerischen Forderungen; zudem konnte er eine eben erschienene Biographie nutzen, die zum erstenmal die Tatsachen brachte und die krankhaften Züge Tassos erwähnte. Wohl jetzt erst sah er Tasso als Seelenverwandten Werthers. Damit war ein völliger Frontwechsel des Dichters zu seinem Helden gegeben, viel schroffer als dem Egmont gegenüber; es kamen die Erlebnisse in Italien und nach Italien hinzu, um Charaktere und Stil völlig umzuformen.

So entsteht Tasso als »der gesteigerte Werther«, wie ihn ein Franzose unter Goethes Beifall bezeichnet hat. Jenem früheren Helden verwandt, aber nicht weniger überlegen als Egmont dem Götz: statt des unbekannten jungen Bürgers einer der Großen der Weltdichtung, ein auf den Höhen der Menschheit Wandelnder, verschwenderisch begabt mit Vorzügen des Leibes, der Seele, des Geistes, der Jüngling an der Schwelle des Mannesalters, der als Schöpfer eines unsterblichen Werkes im Begriffe steht, vor die Augen seiner Nation zu treten und auf dem Kapitol sich den Dichterkranz bestätigen zu lassen, den ihm ein erlesener Kreis schon jetzt reicht. Und doch zugleich ein Verfallener, von Furien des Innern nicht weniger gehetzt als Werther, Faust und Orest. Das Übermaß von Gefühl und Phantasie, das ihn zum Dichter bestimmt, macht ihn zugleich unfähig, die Welt zu sehn, wie sie ist. Er mißt »nach eignem Maß sich bald zu klein und leider oft zu groß«, eine

Faustnatur, die »das Unmögliche von sich fordert«, die »die letzten Enden aller Dinge zusammenfassen will«. In dieser Verkennung, ja Mißachtung der Wirklichkeit liegt seine Gefahr, sein Verbrechen. Denn obwohl ein edles Herz, ein allem Menschlichen geöffneter Geist, ist er doch kein Grund, auf den Verlaß wäre; jeden Augenblick können hier vulkanische Kräfte aufbrechen, weil das Gefühl keine Pflicht und Treue kennt. So ist sein Sturz ebenso notwendig wie tragisch, indem er dem Innersten seines Dichtertums entstammt, als einer ungezügelten und einseitigen Macht.

Den Ausgang des Dramas hat man bis in unsere Tage mißverstanden als eine, wenn auch späte Heilung Tassos; schon der Vergleich mit dem Orest sollte zeigen, daß Goethe derlei anders vorbereiten und darstellen würde – wenn er sich überhaupt wiederholen wollte. Aber wer sich so rasch und tief zerrüttet wie Tasso, und wer sich selber aus einem Kreise wie dem Hof von Ferrara verbannt, der ist nicht zu retten; was übrigens die verschiedenen Personen der Dichtung, Tasso nicht ausgenommen, bestätigen. Ein Wahnsinnsausbruch auf offener Szene, etwa wie in Ibsens Gespenstern, wäre dem klassischen Stil zuwider.

Tassos Gegner darf noch mehr als Alba Züge des Staats- und Weltmanns Goethe tragen, obwohl ihm der Dichter genug unreinen Ehrgeiz und Machtsinn gegeben hat, um den an sich weit überlegenen Mann gegen den Jüngling überhaupt ins Spiel zu bringen. Die Prinzessin, die dritte Gestalt des innersten Kreises, schillert in den Farben der umworbenen und verehrten Geliebten von 1781 und der alternden, schwachen, kranken Frau des Schicksalsjahres 1789. – Die beiden anderen Personen vollenden das Bild der höfischen Welt, die hier nur edelste Vertreterin jeder Gesellschaft ist: sie ist wohl imstande, den Wert des Genius zu erfassen, aber unfähig, der Versuchung zu widerstehn, ihn für Zwecke persönlicher Eitelkeit und Ehrsucht zu mißbrauchen.

Die Blankverse des Tasso, mit anderer Freiheit geschaffen als die nur überarbeiteten der Iphigenie, sind wunderbar ausgewogen; das Gefühl untersteht in dieser Atmosphäre der Gesellschaft dem klaren Gedanken, und auch der leidenschaftlichste Monolog vom Rande des Wahnsinns bleibt im Reiche des Geistes und der Schönheit. Wie anmutig werden Worte aufgenommen und abgewandelt, wird der Ball der Unterhaltung hin und wider geworfen; die Sprache, durchsichtig und voll Wohllautes, stellt ein Höchstes unsrer Dichtung dar.

DIE FRAGMENTE: ELPENOR, NAUSIKAA, DIE NATÜRLICHE TOCHTER, HELENA

Der Elpenor stammt aus der Zeit der Iphigenie, mit der er das Thema: Drohung und Lösung eines alten Fluchs und Frevels, teilt, ohne daß wir sagen können, wie Goethe sich die weitere Handlung gedacht hat.

»Die Rührung eines weiblichen Gemütes durch die Ankunft eines Fremden, als das schönste Motiv« – dies Gretchen-, Klärchen- und Stella-Motiv, sollte die Nausikaa im großgriechischen, im homerischen Raum erneuern – einziges dichterisches Zeugnis von

Goethes sizilischer »Odyssee«. Die »tragische Idylle« hätte den Seelenton der Iphigenie durchglüht mit dem Sinnenerlebnis südlicher Landschaft, wie es jetzt nur einige unsterbliche Zeilen ahnen lassen:

Ein weißer Glanz ruht über Land und Meer,
Und duftend schwebt der Äther ohne Wolken.

Die Natürliche Tochter (1799–1803) ist das letzte Drama Goethes, das der französischen Revolution gilt, und der erste Teil einer Trilogie, welche die dort wirkenden Kräfte in einer äußersten Vereinfachung sichtbar zu machen unternahm. In den weiteren Teilen sollte Eugenie, die »wohlgeborne« Königsnichte, bei dem Versuch, die Parteien zu versöhnen und den König zu retten, den Untergang finden. Dieser »Liebling« Goethes gleicht dem Elpenor und der Iphigenie, einer tragischen Iphigenie, die im Strudel modernen Massenwesens nicht mehr heilen und sühnen kann.

Mit der Helena der steilste Versuch des Klassizismus, erschüttert das »wunderbare Erzeugnis« oft mit der gleichsam gefrorenen Innigkeit seiner Sprache, der „Perlenmilde der Diktion", wie es eine zeitgenössische Besprechung nannte, und fesselt durch die weitgetriebene Stilisierung, die auf Namen der Personen verzichtet und dem Gedanken, der weitausgesponnenen, wortmächtigen und wortprächtigen Betrachtung ein ungewöhnliches Übergewicht über die Handlung gibt.

Um 1800 ist auch ein Teil des Helena-Dramas entstanden, das Goethe nach mehreren anderen Plänen später zum Mittelpunkt des Zweiten Faust gemacht hat. Für sich betrachtet, ist die Helena das wundersame Wagnis, die attische Tragödie nachzubilden. Strengster klassischer Stil: langsam schreitende Rede der Heldin in antiken Formen, unterbrochen durch bewegtere Chorlieder. Hochpoetisch ist die Fabel selbst: wie die dem Hades entstiegene Königin, in geheimer und immer deutlicher werdender Ahnung ihres Nichtseins, dem gotischen Ritter Faust in die Arme getrieben wird; der opernhafte Euphorion-Schluß gehört erst dem Jahre 1824 an.

Die Sprache der Helena übertrifft noch die Achilleis in der Kraft, dem stammverwandten Griechisch Wort- und Satzbildungen nachzuschaffen und dergestalt – gleichzeitig mit Hölderlin – uns ein Stück Griechentum herüberzuholen. Die barocke Wortpracht, die der Natürlichen Tochter nahesteht (»Durch euer gastlich ladendes Weit-Eröffnen einst geschahs«), ist dem Euripides nachgebildet.

Vergleicht man die Helena mit der Iphigenie, so zeigt sich, wie sehr sich Goethe der attischen Tragödie genähert hat; ihr Herzstück, die Auseinandersetzung mit den Göttern, hat er freilich nicht übernommen. Wenn die Helena seine »Antwort« auf Sophokles und Euripides ist, so hat er auch daran gedacht, Dramen des Aischylos fortzusetzen; über Pläne ist er nicht hinausgekommen.

Laßt unser Stück nur reich an Fülle sein,
Dann mag der Zufall selbst als Geist der Einheit schalten.

FAUST

Während diese und viele andere dichterische Entwürfe Fragment blieben, Zeugen rascher Einfälle, die das zerstreuende Leben Goethes und seine rastlos weiter dringende Entwicklung am Wege zurückließen, hat er das größte Bruchstück seiner Geniezeit in den Tagen der Hochklassik zu einem gewissen Abschluß gebracht.

Der Urfaust wurde ihm in Weimar bald fremd. Für die erste Gesamtausgabe holte er ihn wieder hervor; doch weder zu Hause noch in Italien gelang es ihm, sich in diese Welt zurückzufinden; in Rom dichtete er nur zwei Stücke (Wald und Höhle, und die Hexenküche), die fremdartig genug in der alten Dichtung dastehn. Anderseits widersprachen die gewaltigen Prosa-Schlußstücke des Urfaust (»Im Elend! Verzweifelnd!« und die Kerkerszene) seinem damaligen Stilgefühl so stark, daß er weder die Kraft fand, sie umzuformen, noch die vielleicht größere, sie stehn zu lassen. So entschloß er sich, sie in der Ausgabe von 1790 zu streichen. »Faust, ein Fragment« bricht unverständlich mit der Domszene ab und hat damals keine weite Wirkung tun können; sein Titel bedeutet den offenbaren Verzicht Goethes, dieses gewaltigste Werk seiner Jugend zu vollenden: Faust, der Übermensch, ist für den klassischen Goethe tot und abgetan.

Es ist Schiller gewesen, der den Dichter Goethe wieder weckte und ihm den Weg zu der Jugenddichtung frei machte. Indem er seine eigenen philosophischen Begriffe (Faust als Idealist, Mephisto als Realist) in sie hineintrug, zeigte er sie Goethe in neuem Licht und ermöglichte es ihm, den Helden des Urfaust ähnlich umzudeuten, wie er Wilhelm Meister umgedeutet hatte. Der »Idealist« Faust ist nicht mehr Übermensch, sondern ein Vertreter der

Menschheit in ihrem ewigen Kampf gegen eine »realistische«, d. h. materialistische, rein sinnliche und glaubenlose Lebensansicht. Die Zaubersphäre des Jugendwerkes ließ dabei eine weit höhere und poetischere Behandlung desselben Themas zu als der bürgerliche Roman: wird Wilhelm durch einen Geheimbund gelenkt, so Faust durch Gott selber.

Damit rückt die Dichtung unter die Sicht eines Ringens zwischen Gott und Teufel, eines scheinbaren Ringens nur, denn dieser Gott des Vorspiels im Himmel zählt auch den Teufel zu seinem Gesinde, gebraucht auch das Böse zu seinem Heilsplan.

Von dieser neuen Grundlage aus hat Goethe 1797 die »große Lücke« nach der Erdgeistszene geschlossen, einem müderen und milderen Gelehrten den Namen des einstigen Titanen geliehen und ihn durch Osternacht und Ostertag dem »Gefährten« entgegengeführt, an dem er durch Polarität zur Steigerung gelangen soll, – kleines Abbild der Gottnatur selbst. Jetzt erst wird die Dichtung auf den Helden bezogen, der durch eine Fülle neuer Züge bereichert wird, und es fällt das Übergewicht der Gretchenszenen; in ihnen darf Faust nicht mehr die hemmungslose Sinnlichkeit des Titanen zeigen: durch Umänderung, Umdeutung und Versetzung einiger Szenen wird sein wie Gretchens Kampf gegen die Verführung sichtbar, so daß über der Sünderin schon das göttliche »Gerettet!« ertönen kann.

Die noch kaum gestörte Stileinheit des Urfaust in der weiteren Arbeit zu bewahren, hat Goethe weder gekonnt noch gewollt. Neben den vierhebigen Knittelvers treten, ungereimt oder verschränkt gereimt,

Fünf- und Sechsheber, neben die Hymnenstücke und Lied-Einlagen Stanzen und andere große Strophengebilde. Den realistisch gezeichneten Gestalten der Jugenddichtung gesellen sich die typischen Charaktere des klassischen Stils: der neue Faust selbst und die Personen des Osterspaziergangs, zum Epigramm verkürzt die Sprecher des Walpurgisnachttraums. Zudem aber wird die ganze Handlung durch die drei Vorspiele entwirklicht, in den »schönen Schein« der klassizistischen Kunstanschauung verwandelt, wenn die Dichtung zuerst im Lichte subjektiver Erinnerungen des Dichters erscheint, dann als kosmisches Mysterium, endlich aber als Vorstellung einer Wanderschmiere: nur solche, den Romantikern nachgebildete, ironische Behandlung hat es Goethe damals ermöglicht, sich der »barbarischen Komposition« seines herrlichsten Jugendwerkes wieder anzunehmen – in dem Sinn, daß er »bei diesen Possen« sich entschloß, »die höchsten Forderungen mehr zu berühren als zu erfüllen«.

Aber diese Vielfalt der Form ist lebendiger Leib des vielschichtigen Gehaltes, und die Zeitgenossen haben »Der Tragödie ersten Teil« trotz seiner Unvollendung alsbald als den tiefsten Ausdruck modernen Weltgefühls empfunden. Der Faust erschien im Jahre 1808 und besiegelte, was zwölf Jahre vorher die Lehrjahre begonnen hatten: die Anerkennung Goethes als des Herrschers im Reich deutschen Geistes, triumphierend mitten im politischen Untergang.

DER ALTE GOETHE

Mir bleibt genug! Es bleibt Idee und Liebe

EINLEITUNG

Den Übergang vom klassischen zum alten Goethe bezeichnet kein einschneidender Ortswechsel, wie er Goethes Jugend abgrenzt; der gleichbleibende weimarische Raum verwandelte sich ihm unter den Händen durch zwei Zeitereignisse, den Tod Schillers im Mai 1805 und die Schlacht bei Jena am 14. Oktober 1806. Mit jenem verlor Goethe den theoretisch und praktisch befeuernden Geist- und Kampfgenossen der »klassischen« Gesinnung; die Notzeit der Fremdherrschaft vernichtete die äußere und innere Grundlage seiner bisherigen Bildungsarbeit und stellte ihn vor völlig neue Aufgaben. Als ihn nach der Vertreibung der Franzosen zwei Sommer in der rheinischen Heimat verjüngt hatten, veränderte der Tod Christianens im Jahre 1816 seine persönlichen Verhältnisse und schließt ein viertes Weimarer Jahrzehnt, das eine Zeit des Übergangs bildet vom alternden zum alten Goethe, ähnlich wie das erste Jahrzehnt zwischen dem Jüngling und dem Manne vermittelt hat.

Seine letzten sechzehn Jahre gestatten eine ungezwungene Halbierung nach scheinbar äußerlichen Gewohnheiten: die erste Hälfte verbrachte Goethe noch großenteils in Böhmen und in Jena; nach den beiden schweren Erkrankungen des Jahres 1823 hat der Greis sein Haus nur noch selten und auf kurze Zeit verlassen. In den ersten Zeitraum fällt die zweite Cottasche Ausgabe seiner »Werke«, der andre steht unter dem Zeichen der »Ausgabe letzter Hand«.

Das Alter ist ein höflich Mann,
Einmal übers andre klopft er an.

DAS VIERTE JAHRZEHNT
1806—1816

Leben

DAS ALTERN

Früher als heute alterte man im 18. Jahrhundert – eine Folge unzweckmäßiger Lebensweise; der »Mann von fünfzig Jahren« galt für alt. Goethe verlor um diese Zeit seine Vorderzähne; die Mundpartie begann einzusinken, und seine melodische, tiefe und starke Stimme wurde durch Zischlaute beeinträchtigt. Sein Körper, vor Italien und in Italien hager und rüstig, wurde unter Christianens liebevoll törichter Pflege dick und schwerfällig; schon 1795 mußte er zum zweiten Male nach Karlsbad. Giftstoffe jener Angina von 1770 haben im Jahre 1801 zu einer heftigen Gesichtsrose, 1805 zu einer fast tödlich verlaufenden Nierenkolik geführt. Es folgten monatelange Unpäßlichkeiten und Verstimmungen, und Christiane, die sich in diesen Jahren prachtvoll bewährte, setzte durch, daß er 1806 wieder Karlsbad aufsuchte, was ihm beim Einbruch der Franzosen sehr zustatten kam. Da er die böhmischen Bäder auch in den folgenden Jahren regelmäßig und ausgiebig benutzte, hat er die schwere Zeit – mit ihren dauernden Einquartierungen, Requisitionen und sonstigen Aufregungen – bestehn können.

So ist es hin, was alles ich gebaut
Und was mit mir von Jugend auf emporstieg.

DIE FRANZOSENZEIT

Noch am Nachmittag des 14. Oktober kamen Chasseurs nach Weimar; die Nacht brachte Gewalttaten, Brand und Plünderung, Auftritte, wie sie Goethe aus der Kampagne von 1792 kannte. Er selbst scheint ängstliche, vielleicht gefährliche Augenblicke erlebt zu haben und durch ruhig würdige Haltung, einmal auch durch Christianens entschlossenes Eingreifen vor Schlimmerem bewahrt worden zu sein.

Doch bald regelten sich die Dinge leidlich; während die Herzogin Luise den ergrimmten Imperator durch Festigkeit entwaffnete, verhielt sich Goethe gegenüber den einquartierten Generälen, wie es Klugheit und die Rücksicht auf Stadt und Land geboten. Es gelang ihm, die bedrohte Universität Jena zu retten; Bekannte, die durch Plünderung zu Schaden gekommen, unterstützte er aus seinen Vorräten, und alle suchte sein Wort und Beispiel zu bestimmen, die Lage durch Widerstreben und Übertreibung nicht noch zu verschlimmern. Der so oft Schwankende, von Stimmungen und Leidenschaften Beherrschte war jetzt gefaßt und gesammelt. So benutzte er auch die ersten Tage allgemeiner Verwirrung, um seinen Lebensbund mit »Demoiselle Vulpius«, nach neunzehnjährigem Bestand, legitimieren zu lassen. In den folgenden Wochen und Monaten bemühte er sich, durch vermehrte Geselligkeit sich und anderen über die Zeit hinwegzuhelfen. Dann sitzt er etwa im Zimmer der Johanna Schopenhauer, zunächst ein wenig abseits, mit Zeichnen und Tuschen beschäftigt, bis er durch Vorlesen und Darstellungen die Zuhörer hinreißt oder durch Anekdoten, geistsprühende Paradoxe und kindlichen Spaß bezaubert.

In der Folge setzte er sich gegen die Zeit nachhaltiger zur Wehr. In seinem Haus richtete er einen allsonntägigen Singekreis ein, während er in einem Mittwoch-Kränzchen, lernend und lehrend, Dichtungen zu Gehör brachte, ein unvergleichlicher Vorleser in modulationsreichem, mimisch belebtem Vortrag. Er hat dabei nicht nur »an der nibelungischen Tafel geschmaust«, sondern unsre Literatur bis zu Otfried und Wulfila zurück verfolgt, sich auch mit Dürer und der gotischen Baukunst erneut beschäftigt. So unterstützt er im Kleinen und Großen die vaterländischen Bestrebungen der jüngeren Romantik, ein Schutzgeist der Nation in ihren dunkelsten Tagen.

Wie gedrückt dabei oft die Kurve seines Innern war, mögen Briefstellen aus diesen Jahren zeigen.

»Es ist in den jetzigen Augenblicken sehr erquicklich, wenn man sich nur kurze Zeit in eine leichte, lose Stimmung versetzen kann.« (Frühling 1807). – »Ich habe mich wie ein schon über den Kozyt Abgeschiedener verhalten und an dem letheischen Flusse wenigstens genippt.« – »Die Tage versehen bei mir den köstlichen Dienst des Schwammes, daß sie das Nächstvergangene unmittelbar vor der Erinnerung auslöschen.« (1809.) »Daß Moskau verbrannt ist, tut mir gar nichts. Die Weltgeschichte will künftig auch was zu erzählen haben. Wenn wir aber auf uns selbst zurückkehren und Sie in einem so ungeheuren, unübersehbaren Unglück Bruder und Schwester und ich auch Freunde vermisse, die mir am Herzen liegen, so fühlen wir denn freilich, in welcher Zeit wir leben und wie hoch ernst wir sein müssen, um nach alter Weise heiter sein zu können.« (1812.) – »Warum sollte ich mir nicht sagen, daß ich immer mehr zu den Menschen gehöre, in denen man gerne leben mag, mit denen zu leben es aber nicht erfreulich ist.« (1813.) Im Jahre 1814 spricht er von der »großen Last, die wir, moralisch, politisch und ökonomisch, seit mehr als zwanzig Jahren tragen«; »Der unselige Krieg und die fremde Herrschaft hatten alles verwirrt und zum Starren gebracht«; und erst im April 1816 heißt es: »Ist es denn doch der erste Frühling, den man seit langer Zeit ohne Grauen und Schrecken herankommen sieht.«

Stärkere briefliche Ausbrüche hat sich Goethe aus guten Gründen verboten. Aber wir wissen aus vielen Zeugnissen seine damaligen Ansichten und Gesinnungen, auch, wie sie entstanden sind. Was Goethe in den Feldzügen von 1792 und 1793 als »Kriegskamerad« preußischer Generäle erlebt, hatte ihm die Schwäche der politischen und militärischen Führung enthüllt. Die Ereignisse des Jahres 1806, die er wiederum aus nächster räumlicher und menschlicher Nähe beobachtete, konnten diesen Eindruck nur bestätigen. Als er dann in Napoleon eine Urkraft seltenster Stärke kennen lernte, vielmehr an sich erfuhr, hat er den Schluß gezogen, daß auf deutscher Seite kein ebenbürtiger Gegenspieler vorhanden sei, – einen begreiflichen Schluß; denn unter den zahlreichen preußischen und österreichischen Generälen, die Goethe persönlich kannte, ist ihm zufällig grade die geniale Dreiheit Blücher-Scharnhorst-Gneisenau nicht begegnet; und die schlechthin entscheidende Rolle, die ein gnadenvolles Schicksal dem Reichsfreiherrn vom Stein am Zarenhofe zudachte, konnte kein Sterblicher voraussehn.

Die so beurteilte Lage hat Goethe wieder zu einer entsagenden Haltung hoher Verpflichtung und Fruchtbarkeit veranlaßt. Er hat fortan auf jede politische Betätigung verzichtet, wenn er auch um die widerfranzösische Tätigkeit Carl Augusts gewußt und sie gebilligt hat. Als seine Aufgabe, ja Sendung empfand er es jetzt, im Zerfall der äußeren deutschen Welt das Reich des deutschen Geistes zu erhalten und durch seine Gestalt und Leistung zu vertreten, so lange bis, in einer fernen Zukunft, der geistigen Einigung die politische folgen könne. Demgemäß hat Goethe in diesen dunkeln Jahren die inneren Kräfte der Nation zu sammeln gesucht, Mutlose belebt, verantwortungsloses Literatentum abgestraft.

In der Tat gelang es durch solche Haltung, dem übergewaltigen Feind Achtung abzunötigen, und es war daher für Goethe eine nicht bloß persönliche Angelegenheit, als Napoleon auf der Höhe seines Triumphes, auf und nach dem Erfurter Kongreß des Jahres 1808, ihn dreimal zu längeren Unterhaltungen empfing. Über ihren Inhalt hat Goethe sich nur spärlich geäußert; daß ihn aber, den die Mächtigen seiner Zeit nicht eben verwöhnt hatten, der Imperator »mit besonderem Zutrauen gleichsam gelten ließ und nicht undeutlich ausdrückte, daß mein Wesen ihm gemäß sei«, konnte ihn, aus allgemeinen wie persönlichen Gründen, nicht gleichgültig lassen. Er selbst hat den dämonischen Verstandes- und Willensmenschen nicht moralisch beurteilt, sondern als Offenbarung höherer Kräfte verehrt und sich von seiner Besiegbarkeit erst spät überzeugen lassen, spät, aber darum nicht weniger gern.

Goethes Haltung ist damals von allen Vaterlandsfreunden verstanden und gebilligt worden, auch innerhalb der zur Tat drängenden akademischen Jugend. Kriegsfreiwillige des Jahres 1813 haben sich seinen Segen erbeten; eine neue Ausgabe von Hermann und Dorothea wurde als »politische Schrift« besprochen. Seine innerste Gesinnung bestätigt aufs schönste das berühmte Gespräch mit dem jungen Historiker Luden (Dezember 1813): »Glauben Sie ja nicht, daß ich gleichgültig wäre gegen die großen Ideen Freiheit, Volk, Vaterland. Nein; diese Ideen sind in uns; sie sind ein Teil unsers Wesens, und niemand vermag sie von sich zu werfen. Auch liegt mir Deutschland warm am Herzen. Ich habe oft einen bittern Schmerz empfunden bei dem Gedanken an das deutsche Volk, das so achtbar im einzelnen und so miserabel im ganzen ist. Eine Vergleichung des deutschen Volkes mit andern Völkern erregt uns peinliche Gefühle, über welche ich auf jegliche Weise hinwegzukommen suche, und in der Wissenschaft und in der Kunst habe ich die Schwingen gefunden, durch welche man sich darüber hinwegzuheben vermag: denn Wissenschaft und Kunst gehören der Welt an, und vor ihnen verschwinden die Schranken der Nationalität. Aber der Trost, den sie gewähren, ist doch nur ein leidiger Trost und ersetzt das stolze Bewußtsein nicht, einem großen, starken, geachteten und gefürchteten Volke anzugehören.« –

Im April 1807 war, fern von Weimar, Anna Amalia verschieden, im September 1808 starb unerwartet Goethes Mutter; mit beiden versank ihm lebende Vergangenheit, um in der Erinnerung aufzuerstehn. Indem er sich dem sechzigsten Lebensjahr näherte, wurde er sich selbst geschichtlich, und mit ihm die Zeit und die Zustände seiner Jugend, welche auf allen Gebieten des politischen, gesellschaftlichen und Kulturlebens durch die Fremden verändert oder vernichtet wurden. Während er 1806–08 die erste Auflage seiner »Werke« bei Cotta herausbrachte, begann er eine neue Auseinandersetzung mit der Zeit: die Anfänge der Wanderjahre, die Wahlverwandtschaften, Pandora, Dichtung und Wahrheit fallen in die Jahre 1807–14. Zugleich aber suchte er einen Standpunkt jenseits dieser Zeit auf, ndem er sich in chinesische, persische und arabische Dichtung versenkte.

Sein körperliches Befinden besserte sich in den letzten Jahren der Franzosenzeit, dank dem viermaligen ausgiebigen Besuch der böhmischen Bäder (1810–13), in denen er Kräftigung, Zerstreuung, geistige und seelische Anregung fand. Eigentümlich zarte Beziehungen verbanden ihn mit der Kaiserin Maria Ludovica; österreichischer und reichsdeutscher Hochadel gewährte ihm weiteren Zusammenhang mit politischen Auffassungen und Plänen; daneben tändelte er mehr oder weniger ernsthaft mit jungen

Verehrerinnen. Auf den Hin- und Herreisen fand er reiche Ausbeute für seine geologischen und geschichtlichen Interessen.

Pfeiler, Säulen kann man brechen,
Aber nicht ein freies Herz.

DIE BEFREIUNGSKRIEGE

So überstand Goethe den persönlichen Druck des Alterns, den allgemeinen der Fremdherrschaft. Als dann das Unerwartete geschah und, erst sechsundvierzig Jahre alt, der Zwingherr Europas für immer abtrat, zeigte Goethe in dem Wunder seiner Verjüngung, wie schwer die Zeit auf ihm gelastet. Mit den Worten seines Epimenides »Für den Schmerz, den ihr empfunden, Seid ihr auch größer als ich bin« gab der Dichter freimütig den Männern der Tat und des Befreiungswerks die Ehre; aber freilich begnügte er sich nicht mit gedankenlosem Triumphgefühl. Er sah weiter, fürchtete den kältenden Einfluß Rußlands, den »auf der Würde des Goldes ruhenden englischen Hochmut« und beklagte dem gegenüber die unselige Zerrissenheit der Deutschen. Ihre moralische, selbst religiöse Einigung, schreibt er bitter im Februar 1814, »wäre sehr leicht, aber doch nur durch ein Wunder zu bewirken, wenn es nämlich Gott gefiele, in einer Nacht den sämtlichen Gliedern deutscher Nation die Gabe zu verleihen, daß sie sich am andern Morgen einander nach Verdienst schätzen könnten. Da nun aber dies nicht zu erwarten steht, so habe ich alle Hoffnung aufgegeben und fürchte, daß sie nach wie vor sich verkennen, mißachten, hindern, verspotten, verfolgen und beschädigen werden.« – Unter solchen Umständen sah Goethe seine Aufgabe darin, »das heilige Feuer, welches die nächste Generation so nötig haben wird, und wäre es auch unter der Asche, zu erhalten«.

Und noch einmal fühlet Hatem
Frühlingshauch und Sommerbrand.

AM RHEIN, MAIN UND NECKAR

In diesem Geist vaterländischer Verantwortung und mit dem Willen, auf seinem Gebiet mit ganzer Autorität zur »Vereinigung« zu wirken, suchte Goethe im Hochsommer 1814 seine alte Heimat wieder auf, »ein wiedergeborner freier Reichsbürger«. Anders als früher kam er jetzt als anerkannter Geistesfürst und Schiedsrichter, dem die junge Generation der Spätromantik huldigte. Seit Jahrzehnten ist er nicht so gelöst gewesen wie in diesem und dem folgenden Sommer. Mit herzlichem Anteil erlebte der »alte Heide« auf dem St. Rochusfest die naiv schaffende Frömmigkeit des Landvolkes, mit Ergriffenheit erlebte der Klassiker ein Gleiches vor den Tafeln der Kölner und niederländischen Maler; die farbenfreudige und auf das Charakteristische gerichtete Hochkunst des germanischen Spätmittelalters drängte sich ihm mit Gewalt vor Geist und Sinne, und der junge Sulpiz Boisserée konnte sich dieses neuen Sieges rühmen, nachdem er Goethe in den Vorjahren schon für die Gotik zurückgewonnen hatte. Den alten Überzeugungen der »Weimarer Kunstfreunde« schwur Goethe freilich nicht ab, doch war er duldsamer und offener als je in diesen Tagen, wo Erinnerung und hochgestimmte Gegenwart sich in ihm durchdrangen und durchklangen. So wirkte er auch unter den widerstreitenden Personen und Bestrebungen als Friedestifter: »Ich habe ja nur das Testament Johannis gepredigt, Kindlein, liebt euch! und wenn es nicht gehn will: laßt wenigstens einander gelten.«

Denn das Leben ist die Liebe
Und des Lebens Leben Geist.
Marianne

MARIANNE VON WILLEMER

Friedestifter war er, weil er selbst wieder durchs »Augenglas der Liebe« blickte: nach langem Verstummen sprangen wieder die inneren Quellen, in geheimnisvollem Einklang mit dem äußeren Völkerfrühling und dem Anhauch des Heimatbodens. Im Herbst 1814 lernte er im Hause des Frankfurter Bankiers Willemer (1760–1838) dessen Pflegetochter und Geliebte kennen, Marianne Jung.

Dieser hat sie in der Woche vor Goethes zweitem Besuch zu seiner Gattin gemacht, aber die Leidenschaft nicht verhüten können, die zwischen dem Dichter und der dreißigjährigen Frau mit dem Zwang einer Wahlverwandtschaft aufschlug. Die ehemalige Bühnensängerin und Tänzerin österreichischer Abkunft, der auch das Bajaderen-Geschick damaliger Theatergeschöpfe nicht fremd geblieben, hochbegabte Künstlerin, geistig an Goethe selbst heraufgebildet, blühend in allen Werten und Reizen seelenvollen und heiter-warmherzigen Weibtums, ist die einzige Frau gewesen, die Goethe zugleich geistig-seelisch und leiblich zu beglücken fähig und bereit war. So späte Verheißung und Beseligung war umso erschütternder, als der Dichter der Wahlverwandtschaften immer um die Schranken gewußt hat, die einer Erfüllung entgegenstanden.

Entstammt »Selige Sehnsucht« schon diesem Erlebnis? »Suleika« als Gestalt und poetisches Motiv wird erst bei dem zweiten Aufenthalt Goethes im Jahre 1815 sichtbar, und hier erhebt sich der tragische Kampf der Triebe ins Spiel des Geistes und der Kunst, in dem – beglückendes Wunder! – die Geliebte den Anruf des Liebenden steigert und erwidert in Liedern ewiger Schönheit; Goethe selbst hat ihnen den Adelsbrief erteilt, indem er sie als eigene in den Divan aufnahm.

Als menschliche Glut Spiel und Schranken zu verzehren drohte, fand Goethe die Kraft wegzugehn – »ganz allein dadurch beruhigt, daß ich, ohne Willkür und Widerstreben, den vorgezeichneten Weg wandle und um desto reiner meine Sehnsucht nach denen richten kann, die ich verlasse. – Doch das ist schon zu viel für meine Lage, in der sich ein Zwiespalt nicht verleugnet, den ich auch nicht aufrege, sondern lieber schließe.«

Es ist wie in Wetzlar, 43 Jahre früher, und die verhaltenen Worte des Alternden enthüllen Qual und Größe der Entsagung nicht weniger als der Ausbruch des Jünglings. –

Im folgenden Jahr genügte ihm ein geringfügiger Unfall auf der Fahrt nach Frankfurt, um sie ganz aufzugeben. Als dann 1817 Willemer, bestimmt durch

Mariannens Sehnsucht, Goethe vorschlug, in seinen Haushalt überzusiedeln, hat er auf die Anmutung nicht einmal geantwortet, tief hingegeben seinen zahllosen Pflichten, unter denen die Vollendung des Divans nicht die kleinste war.

Das zugrunde liegende Erlebnis verrät, mitten im schönen Spiel, so manche mit Blut geschriebene Zeile:

»Laßt mich weinen, umschränkt von Nacht,
In unendlicher Wüste . . . ,
Weinende Männer sind gut«.

Goethes Maß sprengt fast ein so ungeheures Bild wie »Unter Schnee und Nebelschauer Rast ein Ätna dir hervor«, und ein Gedicht wie das Wiederfinden schreibt sich so wenig wie der Werther »mit heiler Haut«.

Das ist die wahre Liebe, die immer und immer sich gleichbleibt,
Wenn man ihr alles gewährt, wenn man ihr alles versagt.

CHRISTIANENS TOD

In Weimar verebbte wieder die Hohe Flut der rheinischen Monate; amtliche und private Pflichten machten ihre Rechte geltend. Goethe erhielt die Oberaufsicht über die staatlichen Wissenschafts- und Kunstanstalten des neuen, erweiterten Großherzogtums und wurde Staatsminister und Exzellenz; zugleich begann die zweite Gesamtausgabe seiner Werke zu erscheinen, sechs Jahre nach der ersten, ein Zeichen, daß er sich jetzt, spät genug, durchsetzte. Inmitten dieser und anderer Tätigkeit – er nahm als neues naturwissenschaftliches Gebiet die Witterungskunde auf – traf den Siebenundsechzigjährigen ein schwerer Schlag: am 6. Juni 1816, ihrem zweiundfünfzigsten Geburtstag, starb Christiane. Ihre selbstlose Liebe, Fürsorge und Treue, ihren hellen Verstand und nicht zuletzt ihr Geschick in der Leitung des Hauswesens mußte er zu einer Zeit entbehren, wo der Alternde ihrer mehr als je bedurfte. Nach seiner Art hat er den Verlust schweigend getragen, nie verwunden. Wenn er von der »guten kleinen Frau« schreibt und ihr Anmut bis in den Tod nachrühmt, so schwingen Töne seelischer Zärtlichkeit für die Gefährtin von achtundzwanzig Jahren, die alle Übelrede als Verleumdung erscheinen lassen.

Die Werke

Goethes Dichtung im »vierten Jahrzehnt« ist eine großartige Auseinandersetzung mit der Zeit: zuerst ihren Leiden und den tieferen Ursachen des Zusammenbruchs zugewandt, dann das Bild des untergegangenen Deutschlands tröstlich erneuend, endlich das vergangene Grauen lösend in Lied und Spruch. Der ersten Aufgabe dienen Pandora und Wahlverwandtschaften, der zweiten Dichtung und Wahrheit, der letzten die Lyrik, vor allem des Divans.

> Und einzig veredelt die Form den Gehalt,
> Verleiht ihm, verleiht sich die höchste Gewalt.
> Mir erschien sie in Jugend-, in Frauengestalt.

DRAMA

PANDORA

Begonnen wurde die Dichtung in Deutschlands dunkelster Zeit, im Winter 1807; im Sommer des nächsten Jahres entstanden der Rest und die Entwürfe für die Fortsetzung. – Wieder stehn sich die, von den früheren Dichtungen Goethes her wohlbekannten, Pole seines Wesens in zwei, nun mythisch erhöhten Gestalten gegenüber, den Halbgötter-Brüdern Prometheus und Epimetheus; jener – einst Vertreter glühenden Gefühlssturms – jetzt als nüchterner Tatmensch gefaßt, sein Bruder ein Träumer, der in fruchtloser Sehnsucht der entschwundenen Gattin Pandora nachtrauert. Doch Täter und Träumer bedeuten jetzt nicht nur einen persönlichen Zwiespalt des Dichters, sondern eine Entzweiung der Welt, die als Weltnot und als die Wurzel auch des politischen Unheils der Gegenwart gefaßt wird. In tief symbolischer Handlung leiten die Kinder der einander entfremdeten Brüder die Versöhnung ein; durch Schuld und Leiden reift die Menschheit einer Zeit entgegen, wo die wiederkehrende Pandora ihr die tiefsten Geheimnisse heilen Lebens mitteilen kann – es ist die frohe Botschaft von der Kraft der Kunst, die auseinanderbrechenden Kräfte des Menschen zu binden: das Evangelium des italienischen Goethe, des Schiller der Ästhetischen Briefe und Hölderlins, und nie vielleicht ist es tiefer gefaßt worden als in dem Mythos dieses herrlichen Torso.

Zum letztenmal klingt die Weltauffassung des Klassizismus in Goethes Dichtung auf – bald lernte er über die Wirkungen des Schönen bescheidener denken –, aber sie wird in einer Form vorgetragen, die schon nicht mehr rein klassische Züge hat. Gegen den sechshebigen Trimeter, den an sich schon so vieltönigen, stehn gereimte und reimlose Strophen verschiedenster Maße, manche davon sogar für Musik gedacht, über die Goethe mit Zelter verhandelt hat. So zeigt die Pandora den Durchstoß in den verwickelteren, stärkere Gegensätze bewältigenden Stil des Goetheschen Alterswerks.

PROSA

Aber der steigende Druck der Franzosenzeit nötigte Goethe zu neuen, der Wirklichkeit näher kommenden Antworten, wie sie der Prosa des Romans und seiner autobiographischen Arbeiten gemäß sind.

Denn Verführung kommt von oben,
Wenn's den Göttern so beliebt.

Die Ehe ist der Anfang und der
Gipfel aller Kultur.

DIE WAHLVERWANDTSCHAFTEN

Einem leidenschaftlichen Erlebnis enstammend und zunächst als Novellen-Einlage der Wanderjahre gedacht, erweiterte sich die Erzählung zu einem Roman, der für den Goethe dieses vierten Jahrzehnts ebenso bezeichnend ist, wie der — ihm thematisch verwandte — Werther, die Lehrjahre und die Wanderjahre für den jungen, den klassischen und den alten Goethe. Am stärksten sind die Wahlverwandtschaften dem Werther verbunden, dessen Thema sie auf höherer Ebene nochmals abwandeln.

Eduard ist kein Genie des Gefühls wie Werther, kein Dichter wie Tasso, aber mit diesen Jünglingen teilt der kindlich gebliebene, vom Leben verwöhnte Edelmann die Ichbefangenheit eines Gemüts, das in der Leidenschaft nur sich kennt. Noch deutlicher als im Tasso, weil in der breiten Darstellung eines Romans, zeigt sich, wie wenig doch gesellschaftliche Kultur und persönliche Liebenswürdigkeit über solchen Charakter vermögen, wie rücksichtslos brutal er werden kann; aber auch, wie diese Selbstigkeit den Menschen mit Verkümmerung und Selbstzerstörung bestraft. Eduard stirbt im vernichtenden Bewußtsein, ein Dilettant des Lebens geblieben zu sein, und nur das mitfühlende Herz seines Dichters, das ihm die Fähigkeit zu lieben zugute rechnet, gönnt seinem Ende einen Nachglanz, der ihm fast nicht zu gebühren scheint.

Denn anders als Werther und Tasso steht Eduard nicht mehr im Mittelpunkt der Handlung, wenn er sie auch auslöst und zum tödlichen Ziel bringt. Seine Leidenschaftlichkeit weckt, reift und zerstört ein anderes Wesen, läßt die wohl schönste der Goethischen Frauengestalten den Weg gehn vom unbewußten Naturwesen zum bewußten Geistwesen, von der Demut eines gutgearteten Kindes über unschuldig sich hingebende Liebe zur schreckenden Strenge der Heiligen. Hiermit aber verdoppelt und verschärft sich das Thema. Werther und Tasso lieben einseitig, unerwidert; Eduard und Ottilie aber werden durch geheimnisvolle Verwandtschaft zueinander gezogen, und Ottilie erscheint dabei, gemäß den damals alle Welt aufregenden Entdeckungen der Naturphilosophen, als ein Wesen, das, hellseherischen und krankhaften Zuständen unterworfen, im Reich der bewußtlosen Natur beheimatet ist, dem Urgrund näher als das Willens- und Verstandesleben des Normalmenschen. Aber während Kleist und E.T. A. Hoffmann diese erste Kunde von der »Nachtseite der Natur« zu heiterem Märchen (Käthchen von

Heilbronn) oder grausigem Spuk verarbeiten, dient sie Goethe, um so scharf wie möglich die sittliche Frage zu stellen. Naturgesetz oder Menschensatzung? dieses Sophistenproblem erscheint hier in modernster Gestalt, und Goethe entscheidet sich, so nahe eine lässige Lösung läge, für die strengste; wenn je, hat er hier eine Tragödie geschaffen.

Wieviel Persönliches auch in dieser geheimnisreichen Dichtung stecke, die Lösung gilt vor allem der Zeit. Wie Stein, Arndt, Fichte sieht Goethe den tiefsten Grund für den schmählichen Zusammenbruch Deutschlands in der sittlichen Verwilderung, deren literarische Wortführerin die ältere Romantik gewesen war. Fr. Schlegels freche Empfehlung einer »Ehe à quatre« wird hier buchstäblich widerlegt; Goethe selbst hat als Idee des Werkes das Wort Jesu genannt: »Wer ein Weib ansieht, ihrer zu begehren, der hat schon mit ihr die Ehe gebrochen in seinem Herzen.«

Aber wenn Werthers »Leiden« ihn mit einer geradezu religiösen Erfüllung seines Wesens begnaden, so gilt das weit mehr noch nicht nur von der unschuldig liebenden Ottilie, sondern auch von Eduard. Indem dieser »Unruhigste und Glücklichste aller Sterblichen« seiner Leidenschaft nicht widerstrebt, sondern sich selbst zum Opfer bringt, folgt auch er einem Geheiß des Lebens, der Gottnatur und darf nach seinem Tode von dem Dichter »selig« genannt werden. Naturgebot tritt neben das Sittengebot, und der erschütterte Dichter-Seher läßt solche kosmische Polarität in ihrer furchtbaren Spannung bestehen: die Macht, die da mit den Personen der Handlung, mit Glück und Unglück, mit Gut und

Böse so vorsätzlich-willkürlich spielt, erregt Urschauer einer un-menschlichen, vorsittlichen Welt. Charlotte, die dem Unheil am besonnensten und tapfersten widerstanden hatte, Charlotte selbst ist es, die am Ende die Waffen streckt: »Es sind gewisse Dinge, die sich das Schicksal hartnäckig vornimmt. Vergebens, daß Vernunft und Tugend, Pflicht und alles Heilige sich ihm in den Weg stellen; es soll etwas geschehen, was ihm recht ist, was uns nicht recht scheint; und so greift es zuletzt durch, wir mögen uns gebärden wie wir wollen.«

Aber dem unbegriffenen Grauen solchen Schicksals blickt die Dichtung nur ins Gesicht, um sogleich ins Menschliche, und das heißt ins Sittliche zurückzulenken; denn indem die im Starrkrampf liegende Ottilie diese Worte Charlottens hört, erwacht ihr Gewissen zu voller Klarheit und Kraft und hebt sie sogleich und für immer in die Höhen sittlicher Freiheit. – So oft Goethe ethische Fragen behandelt hatte, nie zuvor hat er die Gegenmacht als ein so Unfaßbares dargestellt und damit den Sieg des Gewissens so verherrlicht; mit unendlich tieferer Dichterkraft gestaltet er hier, was vierzig Jahre früher die Emilia Galotti berührt hatte und was Schillers Urerlebnis gewesen ist.

Weit mehr als in den Lehrjahren ist in den Wahlverwandtschaften »Welt« – sie sind der erste deutsche Gesellschaftsroman. Demgemäß ist der Stil rein episch, kühl und Abstand wahrend, wodurch die Erregtheit gewisser Höhepunkte um so stärker wirkt; die Briefe und die Tagebuchstellen haben dann wieder ihre eigene Sprache.

Der Strenge des Inhalts entspricht die Strenge des Aufbaus. Zwei Teile zu je achtzehn Kapiteln, die wiederholt aufeinander bezogen sind. Fühlbarer wird die leitmotivische Verwertung bestimmter Dinge, Ereignisse und Personen. Die Mooshütte, die Platanen, die neuen Anlagen und das Berghaus, die Kapelle, die Asternbeete, Eduards Trinkglas und Ottiliens Köfferchen – sie erscheinen und dauern, während die Menschen vor ihnen leiden und zugrunde gehn. Der Chirurg kann das verunglückte Bauernkind wiederherstellen, vor Charlottens Knaben versagt seine Kunst; Lucianens eitlen lebenden Bildern entgegnet das einzige, zu dem sich Ottilie bereit finden läßt. An die Motive des einseitigen Kopfschmerzes und des Ins-Buch-Sehenlassens sei nur erinnert. Ottiliens Gebärde findet Eduard wunderlich, als er von ihr hört, – als er sie sieht, zerbricht sie ihn. Ähnlich greifen Personen in die Handlung ein oder beleuchten geheime Wandlungen; so der Bettler, der Graf, der Gehilfe, der Architekt; vor allem Mittler, der immer an Wendepunkten des Geschehens auftritt und das Verhängnis prophezeit oder ahnungslos-taktlos herbeiführt.

In alledem wirkt eine hohe tragische Ironie, nirgends stärker als in der Verblendung der Hauptpersonen. Da hält Charlotte die Verirrung Eduards für eine glückliche Schickung und schöpft aus ihrer Schwangerschaft Hoffnung; da wähnt Eduard, weil ihn der Krieg verschont hat, das Schicksal meistern zu können. Grauenhaft wirkt in dieser Richtung die Gestalt des »aus dem doppelten Ehebruch erzeugten« Kindes. Schon ehe es geboren ist, erregt es entgegen-

VI

gesetzte Empfindungen und Entschlüsse, trennt es seine Eltern und verbindet andre Paare; sein kurzes bewußtloses Leben strahlt weitere Wirkungen aus, und noch sein Tod erhitzt die Männer zu neuer Hoffnung, während er für Ottilie die endgültige Entscheidung bringt. Nimmt man den Eindruck hinzu, den seine Gesichtsbildung und seine Augen zuerst in der Szene zwischen Eduard und Ottilie, dann, nach seinem Tode, zwischen Charlotte und dem Hauptmann hervorrufen, so findet man ein kaum Vorstellbares künstlerisch bewältigt.

Geprägte Form, die lebend sich entwickelt.

DICHTUNG UND WAHRHEIT

Stellen die Wahlverwandtschaften einer aus den Fugen geratenen Zeit das heilige Bild der Ordnungen auf, unter denen die Familie und damit die menschliche Gesellschaft allein gedeihen können, so ist Dichtung und Wahrheit ein Werk des Trostes und kraftspendender Erinnerung. Goethe hat selbst diese Wirkung als eins der Motive seiner Arbeit genannt, und so wurde sie auch von der Nation aufgenommen. Denn mit wie lichten Farben ist hier das Idyll deutscher Vergangenheit gemalt, wie erweitert sich allmählich der Schauplatz zu einer Bühne geistigen Lebens und Strebens, das sich gerade im französischen Elsaß seiner Überlegenheit über das überalterte französische Wesen froh bewußt wird; und mit seiner Fülle bedeutender oder merkwürdiger Menschen, Begebenheiten und Dinge ist das Werk zu einer Denk- und Ehrenhalle deutscher Nation geworden, durch deren Bögen tausendjährige Heimatlandschaft hereinglänzt. So haben die ersten drei Teile von Dichtung und Wahrheit, 1811–1814 erscheinend, das nationale Selbstgefühl gestärkt und mitgestritten im Geisterkampf jener Tage.

Aber damit ist nur ein Motiv dieses Werkes bezeichnet; ein zweites, persönliches, liegt in dem Wunsch Goethes, sich und seinen Lesern Rechenschaft über seine Entwicklung zu geben, welche in den zwölf Bändchen der »Werke« von 1806–1808 eher rätselhaft als deutlich geworden war. Zum dritten: den Schöpfer und Meister der genetischen Betrachtungsweise, den Biographen der Pflanzen- und Tiergattungen, Winckelmanns und Hackerts lockte die neue schwer-leichte Aufgabe, die Geschichte seines eigenen Werdens zu geben. Indem er dabei sich selbst wie jene früher behandelten Gegenstände faßte als ein vielfach bedingtes Lebendiges, als Keim, der, auf die Wirkungen der Umwelt antwortend, sein Eigenstes entwickelt, schuf er einen neuen Begriff der Biographie und ihr unübertroffenes Muster.

Ließ damit Goethe die vor und nach ihm geübte Aneinanderreihung von Ereignissen mehr als Erlebnissen weit unter sich, so mußte er zwischen bestimmenden und gleichgültigen Tatsachen des Lebens unterscheiden, wie es unwillkürlich schon die Erinnerung und die jeweilige Lebensstimmung stündlich tun. Dies Verfahren eines Wertens und Auswählens bezeichnet er tiefsinnig mit dem Begriff »Dichtung«, der also alles andere bedeutet als Erdichtung, vielmehr mit schalkhaft ironischer Bescheidenheit auf das notwendig Subjektive solcher Betrachtung hinweist.

Welche Ereignisse seines Lebens hat nun Goethe betont? Eine keineswegs überflüssige Frage; denn wie oft hat er, in der Dichtung wie im Leben, eine Rechnung mit Brüchen und Verlust aufgemacht, wenn er den titanischen Ansprüchen und Möglichkeiten seines Genius die karge Erfüllung gegenüber stellte: »Entbehren sollst du, sollst entbehren!« – »Wer nicht verzweifeln kann, der muß nicht leben.« Aber so oft und so stark diese Töne in ihm grollen – als Goethe gewissermaßen amtlich und verantwortlich sein Leben schildert, schaltet er die verneinenden und zweifelnden Stimmen aus. Häßliche Stellen, leere Strecken, zerrissene Fäden, die sein Leben wie jedes gehabt hat, nimmt er in sein dichterisch-geschichtliches Gewebe nicht auf; nur was »Folge« gehabt hat, erscheint, und so entsteht jenes Bild einer fast prästabilierten Harmonie zwischen Mensch und Schicksal, das so lange über das Schwere, Fragwürdige, Gefährliche dieses Lebens hinweggetäuscht hat. Diesem jungen Genius scheint sich wie dem Neuen Paris seines Knabenmärchens zur rechten Zeit jedes Tor zu öffnen, jedes Gitter zu senken; sein Gang gleicht einem leichten Erobererzug.

Fragt man weiter, warum Goethe sein Leben so verklärt hat, so hat er es zweifellos nicht zu seiner Verherrlichung getan; der hätte die Betonung oder gar Überbetonung der in ihm und außer ihm waltenden Schwierigkeiten besser gedient. Der große Erzieher schildert vielmehr sein Leben als »musterhaft« – ein Lieblingswort seines Alters –, um den

Menschen Mut zu machen, ihr Leben ähnlich anzusehen und anzulegen. So wirkt, über den vaterländischen, lebens- und geistesgeschichtlichen Wert des Werkes hinaus, am tiefsten sein rein menschlicher, sein sittlicher Gehalt.

Daß er diese Wirkung tut, ist das Ergebnis der Form, eine neue große künstlerische Leistung Goethes. In einem später unterdrückten Vorwort hat er sich hierüber folgendermaßen erklärt: »Ehe ich diese nunmehr vorliegenden drei Bände zu schreiben anfing, dachte ich sie nach jenem Gesetze zu bilden, wovon uns die Metamorphose der Pflanzen belehrt. In dem ersten sollte das Kind nach allen Seiten zarte Wurzeln treiben und nur wenig Keimblätter entwickeln, im zweiten der Knabe mit lebhafterem Grün stufenweis mannigfaltiger gebildete Zweige treiben, und dieser belebte Stengel sollte nun im dritten Beete ähren- und rispenweis zur Blüte hineilen und den hoffnungsvollen Jüngling darstellen.« Auch innerhalb jedes der drei Teile herrscht, von einigen überlangen Abschweifungen abgesehn, ein natürlicher Rhythmus zwischen den fünf Büchern, welcher an- und abschwellend das Thema des Ganzen abwandelt. In den Eingängen und Schlüssen der Bücher sowie in den Übergängen zwischen den einzelnen Abschnitten bewährt sich nicht minder eine hohe Kunst der Komposition, welche Ernst mit Heiterem, Betrachtung mit Anschauung anmutig wechseln läßt.

Ursprünglich sollte Goethes Autobiographie bis 1809 herabführen; die Rücksicht auf Lebende, wie Carl August und Frau von Stein, und die Schwierigkeit, Geheimnisse seines innern Lebens, wie sie besonders das erste Weimarer Jahrzehnt enthält, preiszugeben, ließen es ihm bald angezeigt erscheinen, mit der Übersiedlung nach Weimar wirkungsvoll zu schließen.

Wir sind vielleicht zu antik gewesen,
Wir wollen es jetzt moderner lesen.

LYRIK

Wenn Goethes Drama und Epik (im weitesten Sinn) in diesem Zeitraum großenteils der Gegenwart gelten, so bleibt seine Lyrik nach wie vor der innerste Bereich seiner Person und spiegelt im Verstummen und Wiedererklingen sowohl wie im Wechsel der Formen und des Gehalts am getreusten seine Seele. Im Verstummen: in der Notzeit von 1806–1811 entstehn nur etwa fünfzig Gedichte; die Jahre 1814–1815 allein bringen gegen fünfhundert hervor.

KLEINERE LYRISCHE WERKE

Die antiken Formen, die der klassischen Zeit ihr Gepräge geben, verschwinden jetzt ganz; wenige Wochen lang, um die Jahreswende 1807/08, versucht sich Goethe in der Lieblingsgattung der Romantik, dem Sonett, ohne doch den inneren Forderungen dieser dialektischen Form gerecht zu werden. Das völlige Verstummen jener, das rasche Abblühen dieser fremden Form zeigen auch äußerlich den scharfen Schnitt zwischen dem ersten bis dritten Weimarer Jahrzehnt einerseits und dem vierten. Dieses kehrt zu den volkstümlichen Formen der Jugend zurück, es erneuert sogar die freien Rhythmen der Geniezeit.

Die Ballade zeitigt ihre letzten Früchte: die heitere Wirkung in die Ferne (1808), die Johanna Sebus (1809), welche einen ähnlichen Stoff wie Bürgers Lied vom braven Mann soviel innerlicher behandelt; dem Frühling 1813 gehören an Der getreue Eckart, Der Totentanz und Die wandelnde Glocke, diese einem Reisescherz entstammend, die beiden ersten in behaglich schnörkelhaftem Stil Volkssagen behandelnd. Schwer verständlich wird dieser Stil schon in der »Ballade« (vom vertriebenen und zurückkehrenden Grafen).

Das Lied stirbt um 1814/15 fast ganz ab; nur die Gesellschaftslyrik treibt noch einige Blüten, als Gegenwirkung wider die lähmenden Einflüsse der Franzosenzeit (Ich hab mein Sach auf nichts gestellt; Ich habe geliebet, nun lieb ich erst recht, Ergo bibamus, und andere).

Tiefen Sinnes heitre Wendung

GEDANKENDICHTUNG

In demselben Maße wächst die beschauliche Dichtung aller Grade an. Parabeln, welche die Lehre in Handlung kleiden, wie der gegen Jacobi gerichtete Goldschmied von Ephesus, die Newton verspottende Katzenpastete; und zur Fünfundzwanzigjahrfeier des Liebesbundes mit Christiane (1813) entsteht als schönstes der ihr geltenden Gedichte »Ich ging im Walde so für mich hin« – ebenso tiefsinnig und volkstümlich wie sein vierzig Jahre älteres Gegenstück, das Heidenröslein. – Eine andere Gruppe längerer Gedichte spricht die Lehre unverkleidet aus; so die 1813/14 entstandenen Stücke der Abteilung »Gott, Gemüt und Welt«, welche Goethes Naturphilosophie, Gedanken über das Wesen der Elemente, die Polarität, die Farbenlehre aphoristisch und heiter parodistisch behandeln. Dem erhabenen Prooemion zu »Gott und Welt« erwidert von der menschlichen Ebene her das ehrfürchtig hoffende Symbolum.

Mit dem »Spruchjahr« 1814 beginnt Goethe neben dem Vier- und Mehrzeiler auch den Zweizeiler zu verwenden als kürzeste und volkstümlichste Formung eines Gedankens. Die Abteilung »Sprichwörtlich« gehört ganz diesem Jahr an, anderes kam in den Divan, während die Zahmen Xenien ihn bis zu seinem Tode beschäftigten. Es ist eine neue Provinz, nach Form und Gehalt, die sich Goethe hier erobert; heitrere Kinder sind der Vermählung von »Idee und Liebe« nie entsprungen. Die altrömische Spruchdichtung, die dann Renaissance, Barock und Aufklärung erneuert haben, war ein Erzeugnis des Witzes und der gesellschaftlichen oder Typen-Satire; spätere Spruchdichtung, von Rückert bis Bodenstedt, ist ins Spielerische und Platte abgesunken; bei Goethe entspringen diese kleinen Gebilde demselben Boden, der den Faust und die Wanderjahre nährt. Entweder ists unermeßliche Lebenserfahrung, die mit ihren Lasten spielt, oder ein dem »Unmut«, den »Lebensfratzen«, dem Grauen abgerungenes Kleinod.

Daß du nicht enden kannst, das macht dich groß,
Und daß du nie beginnst, das ist dein Los.
Dein Lied ist drehend wie das Sterngewölbe,
Anfang und Ende immerfort dasselbe.

WEST-ÖSTLICHER DIVAN

Gleichfalls im ersten Friedensjahr beginnt der Divan zu keimen, treibt dann im folgenden Jahre die unerwarteten Blüten des Buches Suleika und sprosst, obwohl 1819 gedruckt, noch bis 1821 fort. Diese zweihundertfünfzig Gedichte, in zwölf, allerdings sehr ungleichmäßig bedachte Bücher aufgeteilt, sind das größte durchkomponierte Gedichtbuch Goethes, wenn auch oft der Zufall und eine ironisch lässige Behandlungsweise seine eigenen Absichten durchkreuzt hat.

Vor dem Druck der Franzosenzeit war Goethes Geist in den Osten »geflüchtet«, der seit dem Bibel- und Koranstudium seiner Jugend immer am Horizont seiner Welt geblieben war. Durch eine 1812 herauskommende Übersetzung fand er jetzt den Zugang zur Dichtung des persischen Mittelalters, besonders zu Hafis – vom fremden Stoff und Stil angeheimelt und der Heimat angenehm entfremdet. Hafis, der Zeitgenosse des furchtbaren Timur, der von Pfaffen zuerst verketzerte, dann umgedeutete »mystisch reine« Sänger des Weines und der Liebe – dem Zeitgenossen Napoleons und Feinde alter und neuer Christen erschien er wie ein Schicksalsgenosse und Geistesverwandter, ein tröstliches Sinnbild gleicher Verhältnisse und Verhaltensweisen. »Im Engen genügsam, froh und klug, von der Fülle der Welt seinen Teil dahinnehmend, in die Geheimnisse der Gottheit von fern hineinblickend, dagegen aber auch einmal Religionsübung und Sinnenlust ablehnend«, sprach der östliche Dichter Goethes damaliges Lebensgefühl so sehr an, daß er »sich mit ihm in Einklang setzen« und »in Alamannen-Mundart auch den Perser überbieten« mußte.

Damit ist eine der Polaritäten gegeben, die den Kosmos des Divans schaffen und durchwalten; wie einst auf dem Wege nach Italien in Wirklichkeit, so wirft Goethe jetzt im Phantasieerlebnis äußere Würden weg und wandert, dem armen Derwisch von Schiras gleich, als Bettler oder als Kaufmann durch das »sonnenhelle Land«, Feind der »braunen und blauen Kutten«, gläubiger Sänger des Lebens und damit Gottes. Dem Kinderfreund und Erzieher gesellt sich die Gestalt des Schenken: Jugend und Alter, Jugendtrunkenheit ohne Wein und Verjüngung des Alters durch Wein, kindliche Empfänglichkeit und sprühende Greisenweisheit bilden ein weiteres Gegensatzpaar, das zugleich in die lyrische Welt der Dichtung dramatische und epische Szenen bringt. Das nämliche tut, aus dem Leben unerwartet aufsteigend, die Gestalt der Marianne-Suleika, mit allen Spannungen der Sehnsucht und Erfüllung, leiblichen Umfangens und geistigen Kusses, bettlerhaften Altersgefühls und liebeverschwendender Jugendschönheit, und, zuhöchst, irdischer und himmlischer Liebe; denn wie Suleika, in ihrer Schönheit Blüte, als Sinnbild Gottes selbst »für diesen Augenblick« geliebt werden will, so erscheint dem Dichter die Huri des Paradieses in Suleikas Gestalt.

Zu der dramatischen Lyrik, die so zwischen dem Dichter und den Gestalten des Hafis, des Schenken und der Suleika laut wird, tritt, als weiterer und allgemeinerer Gegensatz, die Gedankenlyrik, welche, abgesehn von ihrem Durchwirken des ganzen Gedichtwerks, vier von den zwölf Büchern und über ein Drittel der Gedichte beansprucht, in sich wiederum von größter Mannigfaltigkeit nach Form und Gehalt, vom Zweizeiler bis zur ausgeführten Erzählung, von der Abwehr des niedrig Menschlichen bis zur Schau des Göttlichen. Politische Symbolik ist wenigstens in einem starken Stück vertreten, und ein anderes richtet zwischen den Vorstellungen mohammedanischen Lebens und Glaubens das Gegenbild des zarathustrischen Parsentums auf, während zugleich westöstliche Mystik alles einend »am Lob des Höchsten stammelt«.

Diesem beziehungs- und gegensatzreichen geistigseelischen Kosmos entsprechen Stil und Sprache. Breit wird die östliche Welt vorgestellt: der »böse Felsweg« mit Sternen und Räubern, Basare und Moscheen, Wüsten, Oasen und der Euphrat, »Schal, Kaffee und Moschus«; ja selbst Hudhud und Bulbul erscheinen; orientalische Hyperbeln und Reimkünste werden, wenn auch mit Maßen, nachgebildet (»Im Karfunkel deines Blicks«, »Wimpernpfeile, Lockenschlangen«; dort war: Wort war). Daneben und dagegen stehen westliche Worte, von der Antike bis zur Gegenwart, und –

»Um einem Deutschen zu gefallen,
Spricht eine Huri in Knittelreimen«.

Auf den Reichtum äußerer Formen und innerer Form braucht nur hingewiesen zu werden: Reimstrophen verschiedensten Baues, Knittelverse, umgebildete Ghaselen und die, seit den achtziger Jahren verschwundenen, freien Rhythmen; Anreden des Dichters an sich, an Hafis, an Freunde und Feinde; Erzählung, kleine Dramen, Lehren lösen sich ab und stehn in geheimem Bezug und Gleichgewicht, und derbe Wendungen der Alltagssprache treten neben »Paradiesesworte«. Damit nicht genug: auch Mariannens eigene Lieder verleibt Goethe seiner Sammlung ein, und endlich schließt er diesem duftig schwebenden Gedichtwerk noch die »Noten und Abhandlungen« an, doppelten Umfangs gegenüber jenem, und in sich aus verschiedensten Bestandteilen zusammengestückt.

Und die Einheit dieser Uneinheit? Sie liegt in dem »zwischen beiden Welten« – östlich-westlicher, irdisch-himmlischer – im Hochgefühl seines ganzen Reichtums schwebenden Dichtergemüt, welches sich selbst als Spiegel empfindet des unaussagbaren, widerspruchvoll-einigen Alls. Diese demütig-stolze Offenheit gegen das göttliche Ganze ist die Frömmigkeit des alten Goethe. »Ich weiß, du liebst das Droben, Das Unendliche zu schaun« – »In allen Elementen Gottes Gegenwart«: mit diesen Worten bezeichnet der Schenke Haltung und Lehre des verehrten Freundes. »Gottes Gleichnis aus dem Stein zu schlagen« ist die Mahnung des sterbenden Parsen, und die Huri bestätigt dem Dichter feierlich-heiter:

Hast in dem Weltall nicht verzagt,
An Gottes Tiefen dich gewagt.

Man blickt zurück auf die Gedichtzyklen des klassischen Goethe, die Römischen Elegien und die

Venezianischen Epigramme – welcher Schritt aus selbstumschränkter, selbstgenugsamer Menschenwelt in das Überirdische, aus den »hohen Steinen« des ewigen Roms und aus der »neptunischen Stadt« in »Gottes Stadt«! Welche Fülle an Farben und Tönen gegenüber denen der klassischen Zeit! Freilich leuchten diese kräftig bestimmt, während jene am Rand eines Unendlichen verschwimmen. Aber auch die Leere, gerade die Leere ist ein ästhetischer wie religiöser Wert; Schweigen ist lauter als jedes Menschenwort, und so hat Goethe selbst die Poesie des Divans umschrieben: »Unbedingtes Ergeben in den unergründlichen Willen Gottes, heiterer Überblick des beweglichen, immer kreis- und spiralartig wiederkehrenden Erdetreibens, Liebe, Neigung, zwischen zwei Welten schwebend, alles Reale geläutert, sich symbolisch auflösend.«

Alles ist Symbol.

DER ALTERSSTIL

Stil und Sprache der bisher betrachteten Werke zeigten gegenüber der klassischen Zeit starke Veränderungen, ja ein neues Wollen und Wesen; da es sich immer weiter ausbildet, empfiehlt es sich, an dieser Stelle zurück- und vorzublicken.

Was den Stoff angeht, so verzichtet der alte Goethe auf die klassizistische Auslese des Edlen und Typischen; in immer breiterem Strom läßt er wieder die Wirklichkeit herein, bis die Wanderjahre sogar statistische und technische Berichte aufnehmen. Eine neue Lust am Einmaligen, vor allem an der Einzelpersönlichkeit, schafft die vielen bunten Porträts und Schilderungen in Dichtung und Wahrheit und den späteren geschichtlichen Schriften, das Detail der Altersnovellen, die Fülle der Gesichte im Zweiten Faust. In dieser Freude am Individuellen, auch am Volkstümlichen und Gemeinen scheint der Naturalismus seiner Jugend wieder zu erwachen; aber anders als dort sieht der alte Goethe das Einzelne in Beziehung zu einem, unter Umständen unendlichen, Ganzen. Wenn die Reutersknechte des Götz aus sich und für sich leben, so deutet der Bettler der Wahlverwandtschaften auf Eduard, Lucianens eitle Vielgeschäftigkeit auf Ottilie, und die vielen Gestalten und Ereignisse in Dichtung und Wahrheit beleuchten den Helden der Erzählung.

Meist sind diese Beziehungen gegensätzlicher Art. Während der klassische Goethe die Farben mildert und ihre Skala beschränkt, steigert und verbreitert sie der alte Goethe und läßt die Versöhnung der Dissonanzen erst in einem unzugänglichen Jenseits ahnen. Die Wahlverwandtschaften leben aus solchen beziehungsvollen Gegenbildern; der Divan ist ein sprühendes Rad von Polaritäten, und das fast verwegene Spiel der Kontrastmassen steigert sich bis zur Formlosigkeit der Wanderjahre und zur rauschenden Polyphonie des Zweiten Faust.

Ausgesprochen werden diese Bezüge nicht: der symbolische Charakter, welcher der Dichtung Goethes immer eignete, durchdringt sein Alterswerk ganz. Überall steht hinter dem Sichtbaren ein Unsichtbares, hinter der Welt eine Überwelt, immer wieder treten wir auf heiligen Boden. Auch dann, wenn der Dichter um der höheren Wahrheit willen die selbstgeschaffene Fiktion zerstört. Die Aufhebung der poetischen Illusion, leise beginnend mit »Ottiliens Tagebuch«, macht die Wanderjahre zu einem »Aggregat« statt zu einem Organismus, während Divan und Zweiter Faust die Vermischung entgegengesetzter Bestandteile zu den kühnsten Wirkungen auszunutzen wissen.

So sind Handlung und Aufbau der Altersdichtungen, gegenüber der Klarheit, Einfachheit und dem Gleichmaß der klassischen Zeit, verschlungen und absichtlich verunklärt; auch hier erscheint auf höherer Stufe die Art und Weise der Jugenddichtung wieder. Neu ist der offene Schluß fast aller Alterswerke – statt es zur Kugel zu ballen, läßt Goethe das Leben weiterströmen.

Die Sprache zeigt auf ihrem Gebiet verwandte Züge. Stärker noch als in der Geniezeit liebt sie Neubildungen, vor allem Zusammensetzungen; aber den Gefühlswallungen der Jugend stehn die Geistballungen des Alters gegenüber, die ein Höchstmaß von Inhalt in den kleinsten Raum pressen: Pappelstrom, Bebewand, stummfreundlich, giftigklar, niederbleichen, umarten. Eben dahin gehört die Ersetzung des Relativsatzes durch das Partizipium und der häufige Verzicht auf das Hilfsverbum.

Die ungerechte Klage des klassischen Goethe über die deutsche Sprache nimmt der alte zurück, wenn er (1825) ihr eine einzigartige Fähigkeit nachrühmt, fremdsprachige Dichtungen nachzubilden. Schon 1812, in Dichtung und Wahrheit, preist er die Mundart als »das Element, in welchem die Seele ihren Atem schöpft« und rückt damit von den gleichmacherischen Bestrebungen der klassischen Hochsprache ab; die Freude am Individuellen und Volkstümlichen kann sich nicht nachdrücklicher aussprechen. –

In Goethes Jugend hatte sich die deutsche Sprache in einem Zustand der Unsicherheit und Armut befunden. Während seine Geniesprache ihr seelisches Klima mächtig erwärmen half, hat die dichterische und wissenschaftliche Tätigkeit seiner Mannesjahre alle Gebiete des Geistes befruchtet und den Sieg der deutschen Einheitssprache entschieden. Schöpferisch und Gesetze gebend hat Goethe im Bereich der Sprache vollendet, was Luther und seine Vorgänger begonnen.

Ein alter Mann ist stets
ein König Lear.

DIE LETZTEN SECHZEHN JAHRE

Das Leben 1816—1823

AUGUST UND OTTILIE

Am Silvestertage 1816 verlobte sich Goethes Sohn, damals 27 Jahre alt, mit Ottilie von Pogwisch; ein Jahr nach Christianens Tod fand die Heirat statt – beides nicht ohne fördernde Teilnahme des Vaters, der gehofft haben mochte, mit der Schwiegertochter wieder eine Hausfrau zu gewinnen. Die Hoffnung hat sich nicht erfüllt; das arme und unhübsche Edelfräulein war gutmütig, gescheit und heiter, aber zu unruhig, um immer Behagen verbreiten zu können, und in ihrem fahrigen, verschwenderischen und wenig gewissenhaften Wesen denkbar ungeeignet, Christiane zu ersetzen. August seinerseits entwickelte sich nicht erquicklich. Er blieb im Schatten des großen Vaters, der ihn zwar im Staatsdienst vorwärts brachte und allmählich zum Mitarbeiter und Nachlaßpfleger heranzog, ihm aber nicht die aus dem Eignen quellende Kraft mitteilen konnte, mit der er selbst das Leben gemeistert hat. August ist der erste aus der tragischen Reihe der jungdeutschen »Epigonen«, deren reizbarer Ehrgeiz in der stillgestellten Welt der Restaurationszeit keine Aufgaben mehr fand und sich in weltschmerzlicher Zerrissenheit und unfruchtbarem Haß gegen sich und die Welt aufrieb; ihm war auch die unversehens hervorbrechende Roheit solcher entarteten Schwächlinge und Selbstlinge eigen. Früh dem Trunk ergaben, unstet und liederlich, hat er sich auf die Dauer weder mit dem Vater stellen können noch mit der Gattin, die ihrerseits aus unbefriedigter Ehe immer wieder dem Fremdreiz eines der zahlreichen jungen Engländer verfiel, die damals Weimar besuchten. Goethe hat über die »jungen Leute« kaum geklagt; den Sohn suchte er zu beschäftigen und zu stützen, der Schwiegertochter begegnete er unverändert ritterlich und liebevoll; aber seine letzten sechzehn Jahre haben unter diesen Störungen schmerzlich gelitten; sie sind ohne Behagen, Wärme und teilnehmende Liebe gewesen.

So viel Mühe hat Gott dem Menschen gegeben.

TÄTIGKEIT

Lähmen und aufhalten ließ er sich freilich nicht. Vielmehr wuchs im Alter noch der Umfang seiner Geschäfte. Im Kreis seiner amtlichen Pflichten wurde ihm zwar im April 1817 ein wichtiges und wertes Stück entzogen: ein sinnloser Gewaltakt Carl Augusts nahm ihm die Leitung des Hoftheaters, das er in sechsundzwanzigjähriger Mühe zu Ruhm und Blüte gebracht hatte. Aber noch im selben Jahre erhielt er den Auftrag, die Jenaer Universitätsbibliotheken zu vereinigen, und begann ebendort ein botanisches Museum und eine Veterinärschule einzurichten, Aufgaben, die mit andern zusammen ihn in den folgenden Jahren zu häufigem Besuch Jenas nötigten.

Daneben steigerte sich seine dichterisch-private Arbeitslast. Während die liebevoll sehnsüchtige Zeit des Divan-Erlebnisses abklang, nahm ihn die Redaktion der Gedichtsammlung in Anspruch, besonders aber weiteres Studium der orientalischen Poesie und ihre Darstellung in den Noten und Abhandlungen zum Divan. Anderes Lyrische entstand in Zwischenzeiten, darunter die Zahmen Xenien. Die Novellen der Wanderjahre erschienen einzeln, diese selbst versuchte er in einer ersten, ihn bald nicht mehr befriedigenden Fassung zu gestalten (1821). Für die neue Ausgabe der »Werke« redigierte er die beiden ersten Teile der Italienischen Reise, die Kampagne in Frankreich und die Annalen.

• War er hiermit schon auf einem halbwissenschaftlichen Feld, so hat er, wenige Jahre vor seinem siebzigsten Geburtstag, den Mut gehabt, ganz allein zwei neue Zeitschriften zu begründen, in denen er neben frisch entstandenen Aufsätzen auch frühere Arbeiten herausbrachte.

Von Schauerbildern rings der Blick umfangen
Im wüsten Raum beklommner Herzensleere.

LEBENSGEFÜHL UND LEBENSWEISE

Es geschah in einem neuen Gefühl der Verantwortung, das den Hochbetagten überkam. »Ich durchsichtete den alten Papierkram der Vergangenheit«, schreibt er nach Christianens Tod, »wo so vieles Angefangene und Verlaßne, so viel Vorsätze und Untreuen keine Entschuldigung zulassen.« Und wenig später äußert der Freund und Meister geselliger Rede: »Wozu der Aufwand von Tagen und Stunden persönlich gegenwärtiger Wirkung! Ich will doch lieber in meiner stillen und unangefochtenen Wohnung so viel diktieren und kopieren und drucken lassen, damit denn doch das ganze Menschenwesen ein bißchen aufgestutzt werde.« Ihm fällt ein Vorwurf Lavaters ein: »Du tust auch, als wenn wir dreihundert Jahre alt werden wollten«, und mit mehr Gewissenhaftigkeit, als der Jugend eigen war, ruft er »manches aus den letheischen Überschwemmungen des Lebens« wieder herauf. So kann er sich »wirklich schon als Redakteur fremder Hinterlassenschaft betrachten«, eine Haltung, die er in den Wanderjahren sogar seiner eignen Dichtung gegenüber einnimmt.

Er lebte jetzt »in der entschiedensten Abgeschiedenheit« (1820); »ich habe die Zeit her fast mit niemand gesprochen, besonders wenn sprechen allenfalls heißt: wechselseitig reden, wie man denkt. Mein ganzes Dasein seit fünf Monaten steht auf dem Papier; du würdest dich wundern, die grenzenlosen Faszikel zu sehn, die immerfort geheftet werden«, heißt es in einem Brief gegen Ende Sommers. Danach werden wieder »die Weimarischen Winterquartiere bezogen«, »die Dachshöhle«. »Sonst hämmere ich gar manches durch in meiner einsamsten Schmiede; aus dem Hause komm ich nicht, kaum aus der Stube.« – So lebte und wirkte er, Winter für Winter, ein »Einsiedler, der von seiner Klause aus das Meer doch immer tosen hört« und sich nach dem Widerhall seiner Tätigkeit sehnte. Ihn suchte er durch Sendungen und einen immer mächtiger anschwellenden wissenschaftlich-sachlichen Briefwechsel hervorzulocken – in den fünfzig Briefbänden der Weimarer Ausgabe entstammt der weitaus größte Bestand den letzten Jahrzehnten. Mit Befriedigung sah er junge Naturwissenschaftler und die ersten Goethe-Philologen auf seinen Spuren und verfehlte nicht, sie zu ermuntern und zu fördern. Die rheinischen Gegenden und Freunde belebte er sich in der Erinnerung, öfter noch blickte er hinüber in das »weit und breite, herrliche Berlin«, »die lebendige Stadt«, scherzhaft und ernsthaft verlangend, sich auch einmal »in dem Glanze der Königsstadt zu sonnen«, die er seit 1778 nicht wieder betreten hat und deren geistiges und geselliges Leben, deren Sammlungen und neue Bautätigkeit ihm seine Kinder und Freund Zelter, der Besuch Rauchs und Zeichnungen Schinkels vergegenwärtigen mußten. Zu einer Reise dorthin konnte er sich, unbeweglicher werdend und immer tiefer in Einsamkeit und Arbeit versponnen, nicht mehr entschließen; doch diente ihm offenbar der Gedanke an diese Gegenwelt, um seine eigene besser ertragen zu können.

Nicht minder nutzte er hierzu und zur Vervollständigung seiner Kenntnisse die Besucher, die sich immer zahlreicher bei ihm meldeten, neben Deutschen jeden Alters und Wertes, von Hegel, dem Freiherrn vom Stein und Schopenhauer bis zu unbekannten Studenten, auch schon hervorragende Fremde, wie Victor Cousin und Emerson: »Ich verwende darauf gern ein paar Stunden, die mir niemals ohne Vorteil vorüber gehn. Mannigfaltigste Gestalten, an meine entschiedene Einsamkeit sich heran und vorbei bewegend, geben mir Begriffe von der Außenwelt wohlfeiler als ich sie auf irgendeinem Wege hätte gewinnen können.«

In diesen Unterhaltungen konnte er, mit der Verlegenheit einer ursprünglichen Natur, einsilbig und steif sein; gelang es ihm, mit dem Unterredner eine Beziehung herzustellen, so entfalteten sich unvermindert der Zauber seiner Rede, die Schärfe und Tiefe seines Denkens, die eingeborne Güte seiner Natur. – Über sein Aussehn und seine Art, sich zu geben, gehn die Berichte naturgemäß weit auseinander, Im Jahre 1815 will man ihm »beim Hinabsteigen in den Garten die Ältlichkeit seiner körperlichen Bewegungen« abmerken, die er zu verbergen suche; sechs Jahre später notierte Carus, der bedeutende Dresdner Naturphilosoph und Arzt, seinen »rüstigen Schritt und seine gerade, kräftige Haltung.

Die zweiundsiebzig Jahre haben auf Goethe wenig Eindruck gemacht; der arcus senilis in der Hornhaut beider Augen beginnt zwar sich zu bilden, aber ohne dem Feuer des Auges zu schaden. Überhaupt ist das Auge an ihm vorzüglich sprechend; ... das ganze Feuer des hochbegabten Sehers leuchtete in einzelnen Momenten des weitern, mehr erwärmten Gesprächs mit fast dämonischer Gewalt aus den schnell aufgeschlagenen Augen«. – Sein Gehör hat in diesen Jahren abgenommen, seine Stimme aber war unverändert kräftig und modulationsfähig. Wenn er sich wohlfühlte und verstanden sah, am liebsten im Kreise junger Frauen, war er immer noch zu jeder Art Scherzes und geselliger Neckerei aufgelegt, dabei »kindlich mild und teilnehmend«, wie in jenem Zusammensein in Dornburg 1818, zu dessen Beschluß er sich zu den Steinen und Pflanzen zurückzog: »denn nach solchem Gespräch geziemt dem alten Merlin, sich mit den Urelementen wieder zu befreunden.«

So warst du denn im Paradies empfangen,
Als wärst du wert des ewig schönen Lebens.
Nun eilt, nun stockt der Fuß, die Schwelle meidend,
Als trieb' ein Cherub flammend ihn von hinnen.

ULRIKE VON LEVETZOW

Seine Frische erhielt sich Goethe durch strenge Diät und Zeiteinteilung im Winter, im Sommer durch monatelangen Kuraufenthalt in böhmischen Bädern. Sechs Sommer nacheinander, von 1818–1823, ist er wieder dort eingekehrt, vormittags arbeitend, den Nachmittag und Abend im Verkehr mit den

Spitzen der Badegesellschaft, unter ihnen der ihn verehrende Fürst Metternich, dessen konservative Anschauungen und europäische Befriedungspläne seinen eigenen politischen Ansichten entsprachen. »Von einem Interesse zum andern, von einem Magnet zum andern gezogen, fast wie ein Ball hin- und hergeschaukelt«, behagte er sich doch am liebsten im kleinen Kreise, in den letzten drei Jahren in der anheimelnden Häuslichkeit der ihm seit Jahrzehnten befreundeten Familie von Levetzow. Dort traf ihn im Jahre 1823 die letzte Liebeserschütterung, von der wir wissen. In der neunzehnjährigen anmutigen, aber kindlich unbedeutenden Ulrike liebte der Vierundsiebzigjährige – denn »alles ist Symbol« – alles Liebenswerte, erlebte er mit grausamer Bewußtheit zum letztenmal den Eros als gnadenlos begnadende Macht. Seine »Antwort«, die Marienbader Elegie, hat Töne der Verzweiflung, die er selbst später mit der Verzweiflung Werthers und Tassos zusammengebunden hat; es ist sein Alter, das der Junggebliebene, der in irrationaler Leidenschaft Verjüngte nicht anerkennt und das doch sein Recht erzwingt – wieder, zum letztenmal, geht er freiwillig, und auf der Flucht, im rollenden Reisewagen, gelingt ihm die Verklärung des Erlebnisses, die Selbsterlösung im Gedicht. Die strengen Stanzen, in die er sein Erlebnis verschlossen hat, sagte er sich in den folgenden Wintermonaten wieder und wieder auswendig vor und zeigte sie, in eigenhändiger, schöngebundener Reinschrift, erlesenen Freunden; so erneuerte er sich »das Bittersüße des Kelches, den ich bis auf die Neige getrunken und ausgeschlürft habe«.

Er selber bemerkte als »das eigentlich Wunderbarste die ungeheure Gewalt der Musik auf mich in diesen Tagen! ... Nun fällt die Himmlische auf einmal über dich her und übt ihre ganze Gewalt über dich aus, tritt in alle ihre Rechte und weckt die Gesamtheit eingeschlummerter Erinnerungen. Statt die ganze Fülle der schönsten Offenbarung Gottes in mich aufzunehmen, muß ich nun sehn, durch einen klang- und formlosen Winter durchzukommen, vor dem mir denn doch gewissermaßen graut«.

Die liebevoll zärtliche Stimmung dieses Jahres wurde nicht nur durch Ulrike ausgelöst; als im Herbst die schöne junge Pianistin Maria Szymanowska, die ihm in Böhmen oft vorgespielt, für einige Wochen nach Weimar kam, steigerte sich wieder Goethes Erregung; der Abschied bewegte ihn bis zu Tränen; wenige Wochen später erkrankte er auf den Tod.

Alles was ich gegenwärtig persönlich leiste, ist rein testamentlich.

DAS LEBEN 1824—1832

Die Ausgabe letzter Hand

Die letzten acht Jahre Goethes standen äußerlich im Dienst der »Ausgabe letzter Hand« seiner Werke, als seines Vermächtnisses an die Nation und die Menschheit. Sie sollte dem Inhalt der letzten, zwanzigbändigen Ausgabe außer den neuen Dichtungen »die poetischen und ästhetischen, historischen, kritischen und artistischen Aufsätze« sowie die Ar-

gemacht zu haben zur Vollendung mancher stokkenden Produktion, vor allem des Faust.

Zu diesen beiden Männern traten noch drei, vier weitere Hausfreunde, von denen ihm der schweigsame Meyer am nächsten stand. Von auswärtigen Freunden war Zelter sein vertrautester, der Berliner Maurermeister und Musikdirektor, der Vertoner seiner Lyrik; beide haben Goethe nur um einige Monate überlebt. Daß der eigne Sohn, dem das Wirtschaftliche und Geschäftliche unterstand, aus diesem engsten Kreis sich selber ausschloß, ist einer der verschwiegenen Schmerzen des alten Goethe gewesen.

Die Nacht scheint tiefer tief hereinzudringen,
Allein im Innern leuchtet helles Licht.

Lebensweise

Noch eingezogener als früher lebte Goethe in diesen späten Jahren. Außer zu kleinen Spazierfahrten verließ er kaum noch das Haus. Zwischen fünf und sechs Uhr stand er auf, widmete die frischen Frühstunden der Dichtung, besonders am Faust, und frühstückte um zehn Uhr mit dem zweiten Enkel Wolfgang, seinem Liebling; dann studierte und diktierte er; gegen zwölf Uhr nahm er Besuche an. Um zwei Uhr war seine Tischzeit, die er gern mit geladenen Gästen verbrachte und manchmal bis gegen sechs Uhr hinzog. Danach betrachtete er seine Sammlungen, meist in Gesellschaft eines Kenners oder »Wölfchens«. Am Abend, an dem er selbst nichts mehr zu sich nahm, saß er mit Ottilie und wenigen Freunden zusammen, plaudernd oder indem er sich vorlesen ließ; immer ein riesenmäßiger Leser, bewältigte er noch jetzt täglich ungefähr einen Oktavband. Um neun Uhr ging er zu Bett, schlaflose Nächte benutzte er zu Plänen für die Arbeit des nächsten Tages.

Das hohe Alter machte sich zunehmend bemerklich in mancherlei, oft langwierigen Beschwerden; das Gesicht furchte sich tiefer, der Mund sank ein, sein Gang wurde schlurfend, die Gestalt beugte sich nach vorn, was er durch Kreuzung der Arme auf dem Rücken zu verhindern suchte, zuweilen fiel er selbst bei Tisch in ein kurzes Schläfchen. Aber immer noch war sein Gedächtnis zuverlässig, Geist und Wille unverwüstlich; er diktierte stundenlang, störender Besuche und Geschäfte ungeachtet, in gleichmäßigem Zug; er beherrschte die Unterhaltung, manchmal in sprühender Laune, öfter griesgrämig und »wütig« polternd über wissenschaftliche und künstlerische Widersacher.

Lange leben heißt viele überleben.

Tod der Freunde und Augusts

Die letzten Jahre brachten ihm Ehren, aber auch tiefes Leid. Daß der von ihm bewunderte Byron ihm huldigte, hat ihm einen starken Eindruck gemacht. Sein fünfzigjähriges Dienstjubiläum wurde durch die Aufmerksamkeiten Carl Augusts zum »feierlichsten Tag«; zu seinem achtundsiebzigsten Geburtstag kam König Ludwig von Bayern; der acht-

Inneres Leben und letztes Weltbild

Der greise Goethe wurde nicht friedselig und gelassen, wie viele alte Menschen; noch immer war er leidenschaftlich erregbar und voll lebhafter Teilnahme für die Zeit. Mit der Sorge des Staatsmannes und des Kulturmenschen beobachtete er, wie das politische und geistige Leben Europas nicht zur Ruhe kam; trotz persönlicher Sympathie für die revolutionäre Jugend, die das »widerspenstige Feuer« seiner Prometheusdichtung fünfzig Jahre später in die Welt tragen wollte, verurteilte er die liberalen Bestrebungen, den westeuropäischen Parlamentarismus bei uns einzuführen, genau ebenso wie Metternich; als Anhänger des aufgeklärten Despotismus lehnte er die Pressefreiheit und die Verfassung ab, die Carl August als erster deutscher Fürst im Jahre 1816 bewilligt hatte; von der französischen Julirevolution und den ihr folgenden deutschen Krawallen des Jahres 1830 sprach er mit Verachtung. Er sah die Massen heraufkommen mit ihrem gefährlichen Unverständnis für den Geist und für »ruhige Bildung«. Seherhaft charakterisierte er 1825 das neunzehnte Jahrhundert als »das Jahrhundert für die fähigen Köpfe, für leicht fassende, praktische Menschen, die, mit einer gewissen Gewandtheit ausgestattet, ihre Superiorität über die Menge fühlen, wenn sie gleich selbst nicht zum Höchsten begabt sind«. Er fügte hinzu: »Laßt uns soviel als möglich an der Gesinnung festhalten, in der wir herankamen. Wir werden die Letzten einer Epoche sein, die sobald nicht wiederkehrt.« – Doch zugleich widerstrebte seiner dämonischen Natur die zahme Mittelmäßigkeit des Vormärz; zornmütig wetterte er gegen den »frömmelnden Kunstwahnsinn« der Nazarener, die »Lazarettpoesie« der ausgehenden Romantik und verlangte damit nach Kräften, die er anderseits doch nicht gewähren lassen wollte. »Verwirrende Lehre waltet zu verwirrtem Handeln über die Welt«, heißt es in seinem letzten Brief, fünf Tage vor seinem Tod.

Doch diese Dinge betreffen nur sein Verhältnis zur Zeit; darunter ruht der Bereich innersten Lebens, den Goethe immer beschwiegen hat, im Alter erst recht. Manche dichterischen Motive, wie den Paria, die Novelle, die Helena, bekennt er vierzig, fünfzig, ja sechzig Jahre in sich gehegt und an ihnen sich immer ergötzt zu haben – wie viele solcher »werten Bilder«, Blüten des tiefsten Herzens, mag er mit sich genommen haben. »Am Ende des Lebens gehen dem gefaßten Geiste Gedanken auf, bisher undenkbare; sie sind wie selige Dämonen, die sich auf den Gipfeln der Vergangenheit glänzend niederlassen«, schreibt er; auch von ihnen hat er nur diesen und jenen festgehalten. Gar von den Stunden, wo er nicht »gefaßt« war, den Stunden äußerer und innerer Nacht, was wissen wir von ihnen? Es ist eine uns unzugängliche Welt, Kosmos zugleich und Chaos, in welcher der größte Lyriker und größte Weise lebte und webte; nur manchmal werfen unwillkürliche Äußerungen und der Widerschein der Dichtung Licht in das Geheimnis seines höchsten Alters.

Wie der Zweite Faust in einem Raum »von Troja bis Missolunghi« spielt, so gesteht Goethe drei

Monate vor seinem Tode »gern, daß in meinen hohen Jahren mir alles mehr und mehr historisch wird: ob etwas in der vergangenen Zeit, in fernen Reichen oder mir ganz nah räumlich im Augenblicke vorgeht, ist ganz eins, ja ich erscheine mir selbst immer mehr und mehr geschichtlich«. Es ist die Erlebnisform des Mystikers, der gelegentlich die menschliche Raum-Zeit-Welt verläßt. Mystisch ist auch Goethes Einsicht, wie wenig der menschliche Geist und sein vornehmstes Erzeugnis und Werkzeug, die Sprache, den Rätseln des Daseins angepaßt sind: »Der Mensch begreift niemals, wie anthropomorphisch er ist.« – »Das Wunderbarste ist, daß das beste unsrer Überzeugungen nicht in Worte zu fassen ist. Die Sprache ist nicht auf alles eingerichtet, und wir wissen oft nicht recht, ob wir endlich sehen, schauen, denken, erinnern, phantasieren oder glauben.« – »Alles ist gleich, alles ungleich, alles nützlich und schädlich, sprechend und stumm, vernünftig und unvernünftig, und was man von einzelnen Dingen bekennt, widerspricht sich öfters.«

»Steine sind stumme Lehrer; sie machen den Beobachter stumm, und das Beste, was man von ihnen lernt, ist nicht mitzuteilen.« In solchem Sinne dankt er für eine Sendung von Fossilien mit den Worten: »Das unmittelbare Anschaun der Dinge ist mir alles, Worte sind mir weniger als je.« Diese Haltung, ihm eingeboren, aber von dem zuversichtlichen Tatsachensinn der Jünglings- und Manneszeit oft überdeckt, wird zu numinosem Erschauern: »Vor den Urphänomenen, wenn sie unsern Sinnen enthüllt erscheinen, fühlen wir eine Art von Scheu, bis zur Angst.«

VII

Jenseits dieser Urphänomene, die er in der gläubig-wissenschaftlichen Tätigkeit seines Mannesalters zu erforschen getrachtet, schaut der Greis in der Natur, vor allem aber in der Menschenwelt dämonische Mächte wirksam, welche »die sittliche Weltordnung durchkreuzend«, nicht mehr »ruhig zu verehren«, sondern bloß anzuerkennen und hinzunehmen sind. Als letzte Wirklichkeit erscheint ihm auch hier keine monistische Harmonie mehr, sondern eine Polarität ebenbürtiger Kräfte: Mephisto zählt nicht mehr unter das »Gesinde« des Herrn.

Von diesem letzten Weltbild aus, das sich – kraft jener »Spiraltendenz« – wieder der düstern Schau Werthers und des Urfausts nähert, muß man den Schluß des Zweiten Faust würdigen als ironisch-glaubenden Ausdruck eines »Als ob«, Ausdruck auch des Verantwortungsgefühls eines Sehers, der seine schrecklichsten Gesichte nicht mehr sagt.

Was er über Tod und Unsterblichkeit geäußert hat, steht in demselben Zwielicht. Die menschliche Seele, oder wie er als Naturforscher zu sagen liebt, die Entelechie, die Monade, scheint ihm, insofern sie einen Kern geistiger oder sittlicher Kraft besessen und während des irdischen Lebens verstärkt hat, unzerstörbar zu sein, während er eine unterschiedlose Unsterblichkeit jedes Individuums sich nicht vorzustellen vermag; aber auch wertvollen Monaden kann es nach dem Tode widerfahren, daß sie, statt »einen Stern in Klarheit zu verfassen«, von einer boshaften größeren Monade in ihren Dienst gezwungen werden – als letzte Aussicht erscheint auch hier ewiger Kampf.

So mischt sich Düsteres und Unheimliches in das Weltbild des alten Goethe; die Spannung des Bogens wächst, doch ohne daß er bricht. Das zeigt schon der grammatische Bau seiner letzten Urteile über das Leben: »Es sei wie es wolle, es war doch so schön.« – »Wie es auch sei, das Leben, es ist gut« –: das Negative wird in den Nebensatz gebannt, das Schlußwort ist ein Ja! Solche Urteile sind Sätze des Glaubens, und »Glaube ist Liebe zum Unsichtbaren, Vertrauen aufs Unmögliche, Unwahrscheinliche«. Immer noch fand Goethe solchen Glauben bestätigt durch die Gottnatur. Ihr Schaffen und ihr Erhalten ist Liebe, die stufenweise ansteigend und sich verklärend über das Irdische hinausweist. »,Ich glaube einen Gott!' dies ist ein schönes, löbliches Wort; aber Gott anerkennen, wo und wie er sich offenbare, das ist eigentlich die Seligkeit auf Erden.« Tätige Liebe reiht uns dieser Gottesordnung am sichersten ein; in dieser Gesinnung fühlte sich Goethe mit dem innersten Kern des Christentums verbunden, von dem er dessen Dogmen und »Kirchentümer« als äußere, wenngleich notwendige Schalen unterschied. Elf Tage vor seinem Tode sagte er voraus: »Wir werden alle nach und nach aus einem Christentum des Worts und Glaubens immer mehr zu einem Christentum der Gesinnung und Tat kommen.« So gilt für seine letzte Haltung das Wort aus den Maximen und Reflexionen: »Der Greis wird sich immer zum Mystizismus bekennen. Das hohe Alter beruhigt sich in dem, der da ist, der da war, und der da sein wird.«

Und nun dring ich aller Orte
Leichter durch die ewigen Kreise,
Die durchdrungen sind vom Worte
Gottes rein lebendger Weise.

Ungehemmt mit heißem Triebe
Läßt sich da kein Ende finden,
Bis im Anschaun ewger Liebe
Wir verschweben, wir verschwinden.

Goethes Tod

Als Goethe kurz vor seinem letzten Geburtstag die Handschrift des Zweiten Faust fertig geheftet vor sich sah, sagte er: »Mein ferneres Leben kann ich nunmehr als ein reines Geschenk ansehn, und es ist jetzt im Grunde einerlei, ob und was ich noch tue.« – Den zweiundachtzigsten Geburtstag selbst verbrachte er, um anstrengenden Besuchen zu entgehen, in Ilmenau, wo er im Bretterhäuschen des Kickelhahns die Inschrift seines Nachtliedes vom siebenten September 1780 »recognoszierte«. Das »Warte nur, balde ruhest du auch« wiederholte er unter plötzlichen Tränen, blickte aber bald beruhigt in das unverändert lebendige Treiben dieses Erdenwinkels, dem seine frühen Freuden und Sorgen gegolten: »Nach so vielen Jahren war denn zu übersehn: das Dauernde, das Verschwundene. Das Gelungene trat vor und erheiterte, das Mißlungene war vergessen und verschmerzt.«

Die folgenden Monate widmete er wieder stärker den Naturwissenschaften, ohne doch seine zahllosen andern Interessen zu vernachlässigen.

Unter Anspielung auf den indischen Büßer, der sich in Gegenwart Alexanders des Großen verbrennen ließ, schrieb er im Dezember 1831: »Ich habe unzählige Webereien und Stickereien, Bauereien und Pflanzereien unternommen, die mir immerfort, unter der Hand, zur Hand wachsen, so daß ich gar keine Zeit habe, mich zu verbrennen, vielmehr in größter Tätigkeit abwarte, bis dieser wunderliche Organismus sich in sich selbst verkohlt oder auch wohl durch einen andern chemischen Prozeß sich umbildet und womöglich tätiger vergeistet.«

In solchen Gesinnungen lebte der letzte Goethe mitten im zeitlichen Leben schon das ewige, sofern mit diesem Wort nicht Länge und Dauer verstanden wird, sondern ein Zustand überpersönlichen und gottnahen Daseins. In seinem letzten großen Gespräch mit Eckermann sagt er: »Gott hat sich nach den bekannten imaginierten sechs Schöpfungstagen keineswegs zur Ruhe begeben, vielmehr ist er noch fortwährend wirksam wie am ersten. Diese plumpe Welt aus einfachen Elementen zusammenzusetzen und sie jahraus jahrein in den Strahlen der Sonne rollen zu lassen, hätte ihm sicher wenig Spaß gemacht, wenn er nicht den Plan gehabt hätte, sich auf dieser materiellen Unterlage eine Pflanzschule für eine Welt von Geistern zu gründen. So ist er nun fortwährend in höheren Naturen wirksam, um die geringeren heranzuziehn.« –

Wenige Tage später erreichte dies Leben sein irdisches Ziel. Nach einem Bronchial-Katarrh entwickelte sich eine höchst schmerzhafte Entzündung der Herzkranzgefäße und führte in zwei Tagen zum Tode. Er starb in der Mittagstunde des 22. März 1832 »geisteskräftig und liebevoll bis zum letzten Hauche«.

Als Eckermann ihn am nächsten Tage sah, erstaunte er »über die göttliche Pracht dieser Glieder. Die Brust überaus mächtig, breit und gewölbt, Arme und Schenkel voll und sanft muskulös; die Füße zierlich und von der reinsten Form, und nirgends am ganzen Körper eine Spur von Fettigkeit oder Abmagerung und Verfall. Ein vollkommener Mensch lag in großer Schönheit vor mir, und das Entzücken, das ich darüber empfand, ließ mich auf Augenblicke vergessen, daß der unsterbliche Geist eine solche Hülle verlassen.«

Wie auch die Welt ihm das Gefühl verteure,
Ergriffen, fühlt er tief das Ungeheure.

DIE WERKE

Lyrik

Die Lyrik der letzten sechzehn Jahre gehört, wie natürlich, zum größten Teil der Gedankendichtung an. Zu den kleineren Formen der weiter sprossenden Zahmen Xenien, der Divangedichte und des Zyklus Gott, Welt und Gemüt tritt eine Reihe von Werken, welche erst letzte Verseelung und Weisheit gestalten konnte. Die Urworte Orphisch (1817) deuten in Prophetenrede auf die Hauptmächte unsres Daseins, »Wundersprüche über Menschenschicksal«, die Goethe selbst einer besonderen Erläuterung für bedürftig und wert befunden hat. Das Jahr 1821 vollendet die Paria-Trilogie, »eine aus Stahldrähten geschmiedete Damaszenerklinge«: sie rührt an kaum Aussprechbares, wenn sie die unschuldige Urschuld des Menschen nicht lästernd oder verzweifelnd, sondern in frommer Hoffnung zum Inhalt eines neuen Evangeliums erhebt. Die Terzinen »Schillers Reliquien« huldigen dem verewigten Freunde, indem sie zugleich »Naturgeheimnis nachstammeln«, leiser und feierlicher, als es die beiden »Metamorphosen« der klassischen Zeit gekonnt. Ähnlich künden Eins und Alles (1821) und das Vermächtnis des Jahres 1829 noch einmal Goethes Glauben an die Unzerstörbarkeit der Entelechie und die unerschöpfliche Lebendigkeit der Gottnatur.

Aber zu dieser seelisch durchglühten Gedankenlyrik tritt im letzten Lebensjahrzehnt, als ein Wunder der Verjüngung, wiederum Gefühlslyrik. Eine Zwischengattung stellt die Marienbader Elegie dar mit ihrer Mischung von Reflexion und heißem Empfinden; Nachbildungen neugriechischer und chinesischer Lyrik bringen rein lyrische Klänge; aber erst eine dritte Gruppe sind Schöpfungen aus dem Urgrund. Um Mitternacht, ein vereinzeltes Erzeugnis des Jahres 1818, Lieblingsgedicht Goethes, verwebt wundersam Vergangenheit und Gegenwart und spricht damit ein Grundgefühl des Dichters aus. Zehn Jahre später, in liebevoller Einsamkeit, gelingen dem fast Achtzigjährigen die vier Dornburger Gedichte: die geheimnisvoll durchzitterte letzte Hymne, die das Liebeserlebnis des Divans erneut: »Nicht mehr auf Seidenblatt schreib ich symmetrische Reime«, und die drei Lieder, die, teils Marianne, teils Lili geltend, Einst und Jetzt, Natur und Seele ahnungsvoll verbinden. – Bis zuletzt ist dem Uralten die Gnade geblieben, in den schöpferischen Grund des Unbewußten unterzutauchen.

Wissenschaftliche Prosa

Dem Umfang nach herrscht im Alterswerk Goethes die Prosa weit vor; selbst in den Roman dieses Zeitraumes, die Wanderjahre, dringen große Massen undichterischen Stoffes ein, ein Zeichen für die zunehmende Versachlichung und Verwissenschaftlichung des Dichters. Innerhalb der nichtdichterischen Prosa lassen sich fünf Gruppen unterscheiden.

ÄSTHETISCHES UND NATURWISSENSCHAFTLICHES

Der großen dreiteiligen Farbenlehre (1810) hat Goethe kein weiteres zusammenhängendes Werk folgen lassen, sondern eine Fülle einzelner Aufsätze. »Kunst und Altertum« (1816–32) betrachtete Dichtung und bildende Kunst – diese in dem bekannten Sinn der Weimarer Kunstfreunde; hier erschienen die meisten Besprechungen und kleineren ästhetischen Aufsätze Goethes, aber auch gelegentlich Gedichte wie der Paria und Erklärungen seiner Lyrik. Die andere Zeitschrift: »Zur Naturwissenschaft, besonders Morphologie« (1817–32) brachte zahlreiche alte und neue Arbeiten zu diesem Thema. Von der Warte dieser Zeitschriften aus überschaute Goethe die beiden Gebiete der Geistes- und Naturwissenschaften, dort gegen die Nazarener kämpfend, hier gegen die Physik seiner Zeit, nicht ohne tragische Irrtümer und Einseitigkeiten. Doch erleidet es keinen Zweifel, daß seine beharrlich fortgesetzte Tätigkeit den Umschwung von der mechanischen Geschichts- und Naturbetrachtung der vorgoethischen Zeit zur individuellen, morphologischen der Gegenwart beschleunigt hat. – Im letzten Lebensjahr 1831 hatte Goethe noch die Genugtuung, eine erweiterte Neuauflage seiner Metamorphose der Pflanzen aus dem Jahre 1790 zu erleben, mit gegenübergedruckter französischer Übersetzung.

AUTOBIOGRAPHISCHES

An zweiter Stelle stehn die verschiedenartigen und -wertigen Fortsetzungen von Dichtung und Wahrheit, in ihrer Gesamtheit das größte autobiographische Werk der Weltliteratur. Als Goethe 1815 daran ging, seine italienischen Erlebnisse zu gestalten, wählte er nicht wieder die darstellende Form von Dichtung und Wahrheit. Während er nämlich damals auf einen verhältnismäßig spärlichen Erinnerungsstoff angewiesen war, den er durch umfängliche Studien erst anreichern mußte, war er jetzt in der glücklichen Lage, außer Tagebüchern seine Briefe an Frau von Stein und Herder zur Verfügung zu haben; sie in Erzählung umzugießen und gewissermaßen verdampfen zu lassen, erschien ihm um so unrätlicher, als dadurch der größte Reiz solcher Dokumente, die frische Spiegelung des Augenblicks, verlorengegangen wäre. So griff er zu dem Verfahren, diese Briefe, nur leicht stilisiert und des Allzupersönlichen entkleidet, abzudrucken und durch längere »Berichte« zu ergänzen; zu ihnen treten Briefe Tischbeins sowie Berichte und Aufsatzstücke seiner römischen Freunde Meyer und Moritz. Damit bewahrte Goethe dem Leben der italienischen Jahre Farben und Wahrheit; vor unseren Augen wächst der Reisende aus dem Tasten und Irren des Anfangs in die Erfassung der italienischen Gegenwart und Vergangenheit – ein erregender Vorgang, der das Thema »Individuum und Welt« neu abwandelt und der Italienischen Reise ihren unverwelklichen Zauber gibt.

In ihr tritt Goethe zum erstenmal als »Herausgeber« auf, ein Verfahren, das er später in steigendem Grade anwandte; er läßt damit die gleichsam unbearbeitete Wirklichkeit selbst sprechen. Die Lehre auch dieses Erziehungsganges empfängt der Leser gleichwohl eindringlich genug aus dem ungeheuren Ernst, mit dem hier Goethe »sich mit dem beschäftigt, was bleibende Verhältnisse sind«, aus der »Ruhe und Reinheit« seines Schauens und der religiösen Inbrunst, mit der er sich »umgeboren und erneuert und ausgefüllt« empfindet. Erziehlich wirkt nicht minder die Art, wie Goethe Menschen, Zustände und Dinge aus ihren Bedingungen begreift. Nach der Subjektivität der Aufklärung wie der Romantik erlebten seine Leser zum erstenmal eine alles umfassende Sachlichkeit, nach den zahllosen »Sentimentalen Reisen« das klassische Gegenstück.

Den beiden ersten Teilen der Italienischen Reise (1816/17) folgt im Jahre 1822 die Kampagne in Frankreich. Außer auf schon blaß gewordene Erinnerung im wesentlichen auf fremde Aufzeichnungen gestützt, gibt Goethe eine Darstellung, deren künstlerische Leistung in der Vertilgung der grausigen Wirklichkeit durch die Form besteht; etwas wie ein heiterer Glaube an die Unverwüstlichkeit der menschlichen Natur liegt über der Schilderung eines der unseligsten Feldzüge der Geschichte. Die an sich glückliche Dreiteilung des Werkes ist durch einen leider zu lang geratenen Schluß geschädigt worden. –

Die kleine Fortsetzung Belagerung von Mainz künstlerisch befriedigend zu gestalten, ist Goethe nicht gelungen. Noch weniger durchgearbeitet sind die, meist Annalen genannten, Tag- und Jahreshefte (1825), welche die Lücken zwischen den bis dahin erschienenen autobiographischen Schriften schließen sollten. Die einmal gewählte Form eines Tagebuchs erwies sich als unüberwindliches Hindernis umfassender Schau und Gestaltung; die äußerliche Aneinanderreihung zahlloser Tatsachen erhebt sich nur selten zu höherer Betrachtung.

Im höchsten Alter, 1829–31, beendete dann Goethe die Italienische Reise (Zweiter Römischer Aufenthalt) und Dichtung und Wahrheit (vierter Teil). Es sind Notdächer, die er jenen früheren Werken aufgesetzt hat; an die Stelle der Erzählung tritt in Dichtung und Wahrheit Betrachtung, die freilich so tief an den Grund der Dinge rührt, wie die Äußerungen über das Dämonische; aber auch jetzt noch gelingt Goethe eine Novelle – darf man wohl sagen – wie die Erzählung seiner Beziehungen zu der schönen Mailänderin.

Im ganzen ist es unverkennbar, daß in den zwei Jahrzehnten autobiographischer Arbeit Goethes Kraft, den Stoff zu durchdringen, abnimmt, während seine Lust wächst, den Leser mit mehr oder weniger unverarbeitetem Material abzufinden; es ist eine Neigung, die in der gleichzeitigen Arbeit an den Wanderjahren ihr Gegenstück findet.

BRIEFWECHSEL

Eine dritte Möglichkeit, den geistigen Ertrag seines Lebens nutzbar zu machen, fand Goethe in der Herausgabe von Briefwechseln. Den mit Schiller hat er selber herausgebracht (1828), den mit Zelter für die Zeit nach seinem Tode vorbereitet. Beide Sammlungen sind unschätzbare Dokumente, die erste für die Geistesarbeit des klassischen Jahrzehntes, die zweite für das wichtigste Freundschaftsverhältnis, das der alte Goethe in die Ferne unterhalten hat.

MAXIMEN UND REFLEXIONEN

Als ein Gegenstück der Zahmen Xenien und sonstiger gereimter Weisheit erscheint die Gattung der Maximen und Reflexionen, die Goethe im neuen Jahrhundert ausbildet; der Bogen reicht von »Ottiliens Tagebuch« in den Wahlverwandtschaften (1809) bis zu den »Betrachtungen im Sinne der Wanderer« und zu »Makariens Archiv« aus den Wanderjahren (1829). Die Maximen stehn zu den Reflexionen in dem Verhältnis fruchtbarer Polarität, das überall bei Goethe herrscht: bedeutet die Maxime einen persönlichen Grundsatz, ein Bekenntnis auf Grund eigener sittlicher Entscheidung, von demgemäß knapper, schlagender Form, so gibt die Reflexion eine unverbindlichere Betrachtung in oft breiterer Erörterung. Zwischen diesen Polen steht eine Fülle von Zwischenformen sowohl sprachlich wie gedanklich; zusammen bieten sie einen weiteren Zugang in den Kosmos Goetheschen Denkens, der Sittliches und Wissenschaftliches, Ästhetisches und Religiöses, eigene »Resultate« und fremde Lesefrüchte in sich kreisen läßt. Sind die Aufzeichnungen aus Ottiliens Tagebuch noch auf den Charakter der Schreiberin abgestimmt und in ihren sechs Abteilungen deutlich geordnet, so verzichtet der alte Goethe auch hier meistens auf solche Illusion: die in seinen Zeitschriften veröffentlichten Gedankenreihen sind bunt wie das Leben und gewinnen ihre Einheit erst im Gemüt des Lesers wieder. Es herrscht ein Geist ernsthaften Spiels, paradoxer Weisheit, der das schwerste Problem noch »als Künstler traktiert«.

ECKERMANNS GESPRÄCHE

Zu all diesen Äußerungen tritt für Goethes letzte acht Jahre ein Buch eigener Art, das trotz schwerer Mängel hinsichtlich der Zuverlässigkeit und Vollständigkeit einen hohen Rang behaupten wird: Eckermanns Gespräche mit Goethe. Gegenüber den unmittelbaren Äußerungen der Persönlichkeit in Selbstdarstellung, Rede und Schrift gestattet die literarische Gattung des Gesprächs nur eine mittelbare Wirkung, getrübt durch das Medium des Berichtenden; gleichwohl hat sie Goethe nicht verschmäht, um wenigstens einen Teil seiner Gedankenarbeit für die Nachwelt zu retten. Freilich hat er sich selber erst zu dieser Möglichkeit des Wirkens erziehen müssen: in seiner Jugend hatte er auch im Gespräch seine Genieblitze sorglos um sich gestreut;

in den vier folgenden Jahrzehnten war er im mündlichen Verkehr mit den meisten Menschen durch seine wachsende Überlegenheit so gedrückt und war seine Denkart und selbstgeschaffene Sprache den andern so unverständlich, daß er sich meist schweigsam verhielt; erst der alte Goethe überwand diese Befangenheit und konnte sich einer immer wachsenden Gemeinde mitteilen. So mehren sich auch die Aufzeichnungen seiner Mitunterredner; etwa dreiviertel aller überlieferten Gespräche stammen aus seinen letzten zwei Jahrzehnten. Gleichwohl hat Goethe sich veranlaßt gesehen, sich in Eckermann gewissermaßen ein halbamtliches Organ für die Aufbewahrung seiner Gespräche heranzubilden; ihn empfahl dazu seine Lauterkeit und kindliche Anschmiegsamkeit, nicht zuletzt seine geistige Unselbständigkeit, die es Goethe gestattete, in diesen weichen Ton sein Siegel zu drücken. Dabei hat er dem zarten Jünger gegenüber die väterlich milden Züge seiner Natur vorwalten lassen und so ein gemäßigtes Bild seiner Persönlichkeit mit schaffen helfen, das dann in Eckermanns dichterlicher Stilisierung die Vorstellungen der Folgezeit beeinflußt hat. Soweit solche Verhüllung vulkanischer Untergründe Goethe zum Bewußtsein gekommen ist, liegt sie in der großen Linie seiner Erziehungstätigkeit und entspricht seinem Verantwortungsgefühl vor der Nation: auch in diesem Buch sollte sein reinstes Wesen gleichsam als Dichtung und Wahrheit fortwirken.

Du wirst überwinden; aber zuerst
überwinde dich selbst.

Epik

NOVELLE

Unmittelbar nach der Vollendung von Hermann und Dorothea plante Goethe 1797 ein Epos, das sich ihm im »Balladenjahr« zu einer Ballade zusammenzuziehen drohte, worauf er die Ausführung unterließ; erst vierzig Jahre später gestaltete er den inzwischen treu gehegten und genährten Stoff zur »Novelle«. Epos oder Ballade hätten wohl das Tasso-Motiv der geheimen Liebe Honorios zur Fürstin stärker betont; das Alterswerk macht es zu einem kaum sichtbaren Nebenzug, während die Lehre von der weltüberwindenden Kraft der Liebe und reinen Vertrauens in den Vordergrund tritt: mit milder Ironie wird der heroischen Kraftprobe des ritterlichen Jünglings die Tat des Kindes gegenübergestellt, das »des Waldes Hochtyrannen« durch die Macht der Musik zähmt.

Mit den silbrig klaren, bedeutungschweren Tönen des Alters hingestrichelt, kündet die Dichtung noch einmal das »schwer verstandne Wort« der Selbstüberwindung, Novelle weniger als Legende. Eine bewundernswerte Kunst bereitet jedes Motiv vor und wiederholt es; alles ist Wirklichkeit zugleich und Symbol, und der offene Schluß löst sich in Lied und Klang.

Ich kann mich rühmen, daß keine Zeile drinnen steht
die nicht gefühlt oder gedacht wäre.

DIE WANDERJAHRE

Die Entstehungsgeschichte der Wanderjahre ist lang und verwickelt, der Roman um so uneinheitlicher, als er erst im letzten Jahrzehnt Goethes endgültig gestaltet worden ist. Im Sommer 1796 forderte Schiller, in tief eindringender Kritik des Schlusses der Lehrjahre, eine Fortsetzung, für die Goethe, zustimmend, gewisse »Verzahnungen« anbrachte. Aber als er im Winter 1807 an die Arbeit ging, war die Zeit und mit ihr der Dichter tief verändert. Die ersten Kapitel, von St. Joseph dem Zweiten, führen aus der Adelswelt des alten Romans zum Handwerkertum, aus der weltlich-idealen Sphäre klassischer Lebensansicht in ein Dasein romantisch gemüthafter Legende; außerdem entstanden jetzt die meisten der acht Novellen. Als einen Roman mit zahlreichen Einlagen entwarf also Goethe die Fortsetzung – ein erstes Beispiel der Fugenkunst seines Alters. Aber bald trat die Arbeit wieder zurück, und erst das Jahr 1821 brachte die erste Fassung des Romans, ein Bruchstück, sowohl was die Haupthandlung wie einige der Novellen betrifft. – Unter dem Einfluß der Marienbader Erlebnisse wurde »Der Mann von 50 Jahren« um seine leidenschaftliche Fortsetzung bereichert und ebenso wie da Nußbraune Mädchen beendet; dazwischen geriet der Roman selbst wieder in Fluß, und 1829 erschien die zweite, ausführlichere Fassung, immer noch ein Bruchstück; zu einer weiteren Fortsetzung, die er erwog, ist Goethe nicht mehr gekommen.

Ein Novellenkranz nach Art der Ausgewanderten sind die Wanderjahre nicht geworden oder geblieben: das Eigengewicht der Haupthandlung mit ihren schweren Problemen machte sich geltend, obwohl und weil sie in sehr anderem Sinne fortgeführt wurde, als es um 1796 in Goethes Absicht gelegen haben kann. Je stärker diese Unterschiede wurden und je weiter die Wanderjahre Wilhelm von den Zielen seiner Lehrjahre wegführen, um so mehr scheint Goethe das Bedürfnis empfunden zu haben, beide Werke miteinander und mit den bedeutendsten der eingestreuten Novellen zu verklammern. Er tut es einmal dadurch, daß er Gestalten der Novellen in den Roman herüberholt und mit Personen verbindet, die von ihnen gelesen oder gehört haben; zum andern gibt sich der Dichter als »Redakteur« und »treuer Referent«, der aus »vielen anvertrauten Papieren«, aus Briefen, Tagebüchern und Archivblättern, technischen und statistischen Berichten, Erzählungen und Gedichten das auswählt, was die Personen der Lehrjahre betrifft und die dort fingierte Welt als Wirklichkeit bestätigt. Das ist echt romantische Ironie, welche Verwirrung erzeugt, indem sie die Illusion aufhebt. Wenn z. B. Wilhelm mit dem Maler zusammentrifft, der als Leser der Lehrjahre Mignons Heimat aufsucht, und beide zusammen den Frauen aus der Novelle »Der Mann von 50 Jahren« begegnen, so ist es, als ob Porträts von der Wand und Gestalten aus der Tapete ins Zimmer träten. Doch ist hier ein anderes gemeint als ein Spiel im Spiel; Goethe schreibt nach Vollendung der zweiten Fassung: »Mit solchem Büchlein ist es wie mit dem Leben selbst: es findet sich in dem Komplex des Ganzen Notwendiges und Zufälliges, Vorgesetztes und Angeschlossenes bald gelungen, bald vereitelt, wodurch es eine Art von Unendlichkeit erhält, die sich in verständigen und vernünftigen Worten nicht durchaus fassen noch einschließen läßt ... Das Büchlein verleugnet seinen kollektiven Ursprung nicht, erlaubt und fordert mehr als jedes andere die Teilnahme an hervortretenden Einzelheiten«. Hier spricht das neue Gefühl des greisen Künstlers für Sachlichkeit und Wahrhaftigkeit, das die poetische Fiktion und Technik gelegentlich wegwirft; wie dergleichen auch an Spätwerken der bildenden Kunst zu beobachten ist.

Zugleich aber gewann Goethe aus solcher Vermischung von Wirklichkeit und Traum den Vorteil, in dieser Märchenwelt sein »pädagogisches Utopien« und die »ätherische Dichtung« von Makarie ansiedeln und damit geistige und sittliche Fragen von höchster Bedeutung dichterisch behandeln zu können. Dabei bildete er mit bewundernswürdiger Kraft Meyers Berichte über die Baumwollindustrie des Kantons Zürich in Handlung um (Lenardos Tagebuch) und formte aus der ihm wohlbekannten Wirklichkeit der Fellenbergschen Erziehungsanstalten bei Bern das Wunschbild seiner Pädagogischen Provinz: – nur solche fernende Darstellung, welche Namen, Zustände und Landschaft in eine unwirkliche Sphäre hebt, ist an diesem Orte angemessen, wo Goethe sich mit Platon berührt im Mythos eines neuen Staates.

Schon Goethe hat die Probleme der mitteleuropäischen Übervölkerung und des Maschinenzeitalters gesehen; er glaubte sie noch durch eine organisierte Auswanderung in die Neue Welt lösen zu können, indem er annahm, dort würde Sprache und Sitte der Auswanderer bewahrt, die Industrialisierung ferngehalten werden. Daneben sah und empfahl er auch die Möglichkeiten innerer Kolonisation und eines verstärkten, auf veredeltes Handwerk gestützten Binnenmarktes.

Wichtiger und dauernd gültig sind seine Gedanken in Fragen der Staats- und Gesellschaftsordnung. Es sind Fragen der Erziehung, da ja Staat und Gesellschaft, wenn sie geordnet sein sollen, erzogene oder zu erziehende Menschen voraussetzen; und Goethe krönt hier sein Denken über diese höchsten Aufgaben der Menschheit. Es war nicht möglich ohne tiefe und schmerzliche »Entsagung« des Dichters selbst, der dem Ideal seiner Mannesjahre abschwören mußte. Die »klassische« Antwort hatten die Lehrjahre gegeben: Ausbildung aller Kräfte des Individuums und freiwillige Einordnung des also »gebildeten« Individuums in die Gesellschaft. Inzwischen zeigte ihm die Frühromantik, was bei solcher Freiheit herauskommen könne; die Züchtung einiger ruchloser Literaten war nicht Goethes Meinung gewesen; noch weniger konnte er sich verhehlen, daß die weitaus meisten Menschen ihrer geistigen Dürftigkeit gemäß für die hohen Erziehungspläne der Lehrjahre nicht in Betracht kommen. Mit der nämlichen unerbittlichen Selbstkritik, mit der einst die Lehrjahre dem Ursprungsgedanken der Theatralischen Sendung widersprochen hatten, widerrief jetzt Goethe die Grundhaltung der Lehrjahre; er forderte jetzt statt Bildung zum Menschen (im klassischen Sinn) Ausbildung zum Fachmenschen, statt individueller lässiger Einwirkung eine gemeinsame, um nicht zu sagen Massen-Erziehung, statt Bücherwissens und Bildungsgeschwätzes Sachkönnen vor vielen und für alle. »Narrenpossen, eure allgemeine Bildung und alle Anstalten dazu«, ruft Jarno; »eins recht wissen und ausüben, gibt höhere Bildung als Halbheit im Hundertfältigen«, und an einer dritten Stelle bezeichnet er die früher gefeierte Vielseitigkeit als Vorstufe der jetzigen »Zeit der Einseitigkeiten«. »Sich auf ein Handwerk zu beschränken ist das beste. Für den geringsten Kopf wird es immer ein Handwerk, für den besseren eine Kunst sein, und der beste, wenn er *ein*s tut, tut er alles, oder, um weniger paradox zu sein, in dem *einen*, was er recht tut, sieht er das Gleichnis von allem, was recht getan wird.« In diesem hohen symbolischen Sinn ist der Edelmann und Offizier Jarno Geolog und Bergmann geworden, und wird Wilhelm, einst Dichter und Künstler, zum gewöhnlichen Wundarzt; der Roman schließt damit, daß er durch sein Handwerk dem Sohne das Leben rettet.

Hiermit ist als oberster Wert der unmittelbare Nutzen des Einzelnen für die Allgemeinheit gesetzt, und so wird er in aller Öffentlichkeit erzogen. Wer sich nicht fügen kann, wird abgeschoben; Juden sind ausgeschlossen, nicht ihrer Rasse wegen, sondern sofern sie »Ursprung und Herkommen« der christlichen Kultur leugnen. Denn neben den verschiedenen Handwerken und Künsten, die da gemeinsam erlernt und geübt werden, geht, Voraussetzung zugleich und höchstes Ziel, eine sittlich-religiöse Erziehung einher, die lieber der Wirkung der Symbole und des Geheimnisses oder frohen gemeinsamen Gesanges vertraut, als der des Redens und Zerredens, mehr auf Tat und Gesinnung abzielt als auf Glaubenssätze, wie denn in den vier Ehrfurchten und den drei Religionen Stufen innerer Erleuchtung erscheinen, deren jede an ihrer Stelle berechtigt ist und die andern symbolisch vertritt. –

Der Rückblick auf verwandte Züge in Goethes früherer Dichtung ist auch hier lehrreich, ja unerläßlich, um sein Alterswerk zu würdigen. Ein Vergleich der »Briefe aus der Schweiz« (1779) mit Lenardos Tagebuch zeigt den Weg vom empfindsamen Schwärmer zum Sozialreformer; die Entgegensetzung der Seßhaften und der Beweglichen erinnert an das gleiche Problem in Hermann und Dorothea – aber jetzt preist Goethe den körperlich und geistig beweglichen Menschen. Am stärksten zeigt die Gestalt der Makarie, im Vergleich etwa zu Natalie, wie tief inzwischen Goethe ins Metaphysische gewachsen ist. Ihr Name, »die Selige«, kam Goethe erst 1827; sie, die einen geheimnisvollen Bezug zum Sonnensystem mit Verkennung und Leiden bezahlt, deutet auf mystische Zusammenhänge, die zu der sonst praktisch-sittlichen Haltung des Romans eine wundersame Ergänzung bilden.

Wie vieles auch in dieser Dichtung höchsten Alters blaß und ungestaltet geblieben ist. die Hauptgedanken sind von einer Weite und Kühnheit, daß sie erst die Nöte und Hoffnungen der Gegenwart zu treffen scheinen; wie Carlyle unmittelbar nach Goethes Tod schrieb: »In hundert Jahren werden in seinem Namen Parlamentsakten erlassen werden.«

Seid ihr verrückt? Was fällt euch ein,
Den alten Faustus zu verneinen?
Der Teufelskerl muß eine Welt sein,
Dergleichen Widerwärt'ges zu vereinen.

Drama:

DER ZWEITE FAUST

Goethes letzte Bemühungen um das Drama galten dem Faust. Nachdem er die Helena von 1800 in den Jahren 1825/26 vollendet hatte, entschloß er sich unter Eckermanns vorsichtig lockender Teilnahme, die Lücken nach rückwärts und nach vorwärts auszufüllen; die Arbeit wurde allmählich zum »Hauptgeschäft«, dem er die reinsten Morgenstunden und die gesammelten Kräfte seines Innern widmete. Der Tod Augusts entrückte ihn dann in eine schöpferische Gelöstheit, der das kaum zu Hoffende gelang: kurz vor seinem zweiundachtzigsten Geburtstag konnte er das beendete Drama einsiegeln und den Nachlaßpflegern zur Veröffentlichung überlassen.

Spuren schwächerer Dichterkraft sind unverkennbar; wichtige Szenen fehlen, unwichtige sind überbreit ausgeführt, und statt symbolischer Gestalten erscheinen häufiger als gut »allegorische Lumpe«. Aber solches Versagen wird weit überzahlt durch die Schönheit und den Gehalt großer Partien, teils aus Goethes »bester Zeit«, teils gerade der Vergeistigung höchsten Alters entstammend, wie der Eingang der Dichtung und der ganze fünfte Akt. Die ungeheuren Forderungen des Stoffes, vor denen der junge und der klassische Goethe zurückgewichen waren, bewältigt der alte durch eine Symbol- und Sprachkunst, die nur letzter Lebensreife erreichbar ist; und indem alle Altersstufen des Dichters an diesem Gedicht geschaffen haben, erhält es eine Mannigfaltigkeit, die noch umfassender ist als die des Divans.

Knittelvers und Blankvers, Reimstrophen jeder Art und Terzinen, antike Chorlieder, Trimeter und Tetrameter, Alexandriner, freie Rhythmen und Lieder – ein geordnetes Chaos der Formen; eine Sprache, die über eine Unendlichkeit von Tönen verfügt und »vom Himmel durch die Welt zur Hölle« reicht. Und als Innerstes dieses Wortleibes die Vorstellungsmassen, die sich wie bald tief glühende, bald lockende, narrende, drohende Träume vorüberbewegen. Wenn der Divan in seinen lyrischen Körper epische und dramatische Bestandteile eingeschmolzen hat, so hegt der Zweite Faust neben zahlreicher Lyrik epische Stücke in den Erzählungen des Herolds, der Phorkyas, des Chors und des Lynkeus. Besser noch als bei den zwölf Büchern des Divans konnte Goethe bei den fünf Akten des Dramas jedem Teil seine eigene Welt geben. So stehn die einzelnen Akte zueinander in Beziehungen des Gegensatzes und der Verwandtschaft; die realistisch-ironischen Geschichtbilder des ersten und vierten Aktes antworten einander und umrahmen die Märchen- und Traumwelten der Klassischen Walpurgisnacht und der Helena-Handlung; diese treten sich als Naturmythos und Kulturmythos gegenüber, und wie kontrastiert mit ihnen wiederum der letzte Akt, wenn er dem Eros der Walpurgisnacht, der gehaltenen Hingabe Helenas und dem elementarischen Rausch der sich auflösenden Choretiden die »ewige Liebe« entgegensetzt. – Auch innerhalb der Akte ist reichste Bewegung und Gegensätzlichkeit in Handlung, Stimmung, Bedeutung, und zwischen das Märchen klingt Zeitsatire. Der Dichter schaltet nicht nur, wie im Divan, frei mit dem Raum, sondern auch mit der Zeit. »Von Troja bis Missolunghi« reichend eint die Handlung homerische Zeit, Kreuzzüge und den Freiheitskampf der modernen Griechen, eint sie Geschöpfe der niederen griechischen Mythologie mit hohen Gestalten des christlichen Heiligenhimmels, bringt sie den Unraum der »Mütter«, Paläste und Laboratorien des Mittelalters, deutsches Gebirge, Mittelmeerlandschaft und himmlische Sphären nacheinander vor die Augen.

Wird in solchem schwirrenden Wechsel der Bilder und Gedanken eine Handlung und ein Sinn erkennbar? Goethe spottet einmal über die »drei Einheiten« des Aristoteles und der französischen Klassik: »Gelegentlich werden dreimal drei Einheiten, glücklich verschlungen, eine sehr angenehme Wirkung tun.« Der Zweite Faust hat dies verwegene Wort wahr gemacht. Nach der Einheit des Raumes und der Zeit hebt er vorübergehend auch die dritte, scheinbar unerläßliche Einheit der Handlung und der Charaktere auf; fast alle Gestalten fallen zu Zeiten aus der Rolle, und in einer tiefen Symbolik wird Homunkulus zu einem Gegenstück Fausts, werden der Knabe Lenker, Lynkeus und Euphorion zu Teilen seines Wesens, dieser letztere zugleich ein Sinnbild Byrons.

Ausdrücklich lehnt Goethe eine »Idee, die dem Ganzen und jeder einzelnen Szene im Besondern zugrunde liege«, ab: »Es hätte auch in der Tat ein schönes Ding werden müssen, wenn ich ein so reiches, buntes und so höchst mannigfaltiges Leben, wie ich es im Faust zur Anschauung gebracht, auf die magere Schnur einer einzigen durchgehenden Idee hätte reihen wollen!« Es sind Worte, die nur e i n e Seite der Sache beleuchten, aber Recht und Pflicht des Lesers betonen, sich die Welt der einzelnen Akte so stark wie möglich einzubilden – zuerst und am besten, indem man der unaufhörlich wechselnden F o r m folgt. Da ist der höfisch ironische Gesellschaftston im ersten Akt, der sich so unerwartet in die Walpurgisnacht fortsetzt, gleich als wolle ein hellenistisches Rokoko die modernen nordischen Kömmlinge erst an die klassische Welt gewöhnen, oder – von diesen aus gesehen – als seien deren Organe zunächst erst fähig, das ihnen Gemäße zu fassen. Die griechische Klassik selbst präludiert metrisch in den Trimetern der Erichtho, sinnlich strömend in der feierlichen Reimstrophik des Finale. In ganzer Strenge erscheint sie dann im Helena-Akt, den Goethe, nach mancherlei andern Plänen, hier eingebaut hat, um eine dem nordischen Wesen ebenso fremde wie lockende und lockernde Kulturmacht vorzustellen. »Haltung« (zugleich äußerlich und innerlich gemeint), »Maß« (zugleich sprachlich-metrisch wie geistig vergegenwärtigt) sind Form und Gehalt des Auftritts. Anschauliche Sprache begrifflicher Bewußtheit, die das Ewige, Gültige einer göttlichen Gesetzlichkeit wiedergibt mit selbstverständlicher Bejahung, in ruhig ausgewogenem Rhythmus, in einem klaren und zugleich naiven Gefühl der Einordnung und Unterordnung des Individuums, eines noch unzerstörten Einklangs mit dem Kosmos. Goethe greift hier, will uns scheinen, über die klassische Zeit des Phidias und der Tragiker zurück in dorische Archaik – ein Nachhall vielleicht des Eindrucks von Paestum und eines herber erlebten Homer. Helena ist »schön«, indem sie diese Welt des »sich Ziemenden« darstellt und darlebt, ohne persönliches Wünschen, fast ohne persönliches Wesen, stärkster Gegensatz zu den rein animalischen Choretiden wie zu Faust. Ihre Begegnung mit ihm, sprachlich-metrisch so geistreich wie farbig versinnlicht, endet mit der Barockoper des Euphorion-Teils, d. h. mit der (formalen) Aufhebung ihrer Welt schon vor ihrem Tode. – Zu Anfang des vierten Aktes ein metrischer Nachklang der Antike; nachher beiläufiger Gesprächston und, in der satirischen Schlußszene, der schnörkelhaft breit sich ergehende Alexandriner. – Auf den ungemeinen Reichtum der Sprache und der Formen im fünften Akt kann nur hingedeutet werden.

Anderseits hat Goethe mündlich und brieflich so oft von dem »Sinn und der Idee des Ganzen« gesprochen, daß seine obige Äußerung nur als eine Teilwahrheit anzusehen ist. Des Näheren hat er

Eckermann gegenüber (am 6. Juni 1831) die Strophe »Gerettet ist das edle Glied« als »Schlüssel zu Fausts Rettung« bezeichnet: »In Faust selber eine immer höhere und reinere Tätigkeit bis ans Ende, und von oben die ihm zu Hilfe kommende ewige Liebe. . . .« Diese Worte mißverstehend hat die Faustforschung des folgenden Jahrhunderts sich bemüht, bei Faust eine moralische Vervollkommnung nachzuweisen, was indes dem unbefangen betrachteten Text ebenso widerspricht wie der Weltansicht des alten Goethe. Der fünfte Akt zeigt Faust als eine Herrschernatur, die bedenkenlos über Menschenglück und Leben verfügt (»Menschenopfer mußten bluten, Nachts erscholl des Jammers Qual« – »Bezahle, locke, presse bei!«), nicht nur um höherer Zwecke willen (um »Räume vielen Millionen zu eröffnen«), sondern auch grillenhaftem Gelüst zu Liebe. So darf man seinen letzten Wunsch nicht so sehr als Bruch seines selbstsüchtigen Ichs und als Durchbruch in selbstlose Hingabe deuten wie als neuen Ausbruch seines »nach wechselnden Gestalten fortbuhlenden«, unersättlichen, besessenen Tätigkeitsdrangs. – Anderseits aber jede Höherentwicklung Fausts zu leugnen und ihn gar, grade wegen völliger sittlicher Unzulänglichkeit, der göttlichen Gnade für würdig zu erklären, schmeckt wiederum weniger nach Goethe als nach der Existenzphilosophie und -theologie der Nachkriegszeit.

Die Verwirrung ist dadurch entstanden, daß im Zweiten Faust der naturphilosophische Mythos von der sich entwickelnden Monade in die wesensfremde christliche Mythologie mündet und daß man sich den symbolischen Charakter dieser letzten Szenen zu wenig bewußt gehalten hat. Goethe erklärt in jenem Gespräch mit Eckermann, daß und warum er »durch die scharf umrissenen christlich-kirchlichen Figuren und Vorstellungen seinen poetischen Intentionen Form und Festigkeit gegeben« habe; sie sind also nur besondere Zeichen für das allgemeine Reich der Werte, zu dem Faust in Verbindung gesetzt wird.

Der Einwurf liegt nahe: welche Stellung kann in der Werte-Ordnung ein bis zuletzt maßloser und ruchloser Egoist beanspruchen? Wie kann ihm gar ein Rang zugestanden werden, der ihn über sittlich reine Gestalten wie die Patres so weit erhöht? Aber gegenüber solcher Fragestellung betont grade unsre Dichtung den positiven Wert auch des Bösen: wenn selbst Mephisto »als Teufel schaffen muß«, wenn Gretchen grade durch Schuld und »windende Todesnot« in die Nähe der höchsten Liebe gelangt, so hat auch Fausts Wirken Sinn und Wert. Einen um so höheren, je größer seine Kraft ist, und hier tritt die gesamte Weltansicht Goethes wieder in ihr Recht. »Zeugende Kraft Gottes« hat ja grade der alte Goethe nicht nur in Christus »angebetet«, sondern ebenso in der Sonne als der »mächtigsten Offenbarung des Höchsten«, nicht minder aber auch in durchaus amoralisch-dämonischen Gestalten gesehen wie Timur und Napoleon. Die Zahme Xenie über diesen (Am jüngsten Tag vor Gottes Thron) und der Divan-Vierzeiler über jenen machen deutlich, wie der Dichter Faust angesehen wissen will, und der Text bestätigt es an mehreren Stellen: obzwar mit vielfacher Blutschuld sich beladend, bleibt Fausts der »Edle«, der »Tüchtige«, gilt er als »starke Geistekraft« und hat als solche seine Aufgabe in Gottes Haushalt.

Eine ähnliche muß ihm demgemäß auch innerhalb der Dichtung zustehn, und wir haben die bisher für sich betrachteten Bilder, Welten und Abenteuer auf den »Helden der aventiure« zu beziehen. Wie beim Wilhelm Meister zu »supplieren« war, daß er sich bildet, indem er die Autobiographie der Schönen Seele liest und Personen eines edlen Bundes kennenlernt, so haben wir den Aufstieg des einstigen Professors zum Reichsfürsten und Seekönig mit »Weltbesitz« zu fassen als Zeichen dafür, daß er nacheinander die Welten des Hofes und der Gesellschaft, klassischen Natur- und Kulturlebens, ästhetischen Daseins, endlich des Staates in Krieg und Frieden schöpferisch bewältigt, dazu ungeheure Wagnisse und Erlebnisse, wie sie der Besuch der Mütter und der Persephone, die Vermählung mit Helena, das jähe Heraufwachsen und der Untergang Euphorions andeuten.

Es ist eine Welteroberung, nicht unähnlich der des Faust-Dichters selbst, und was dessen autobiographische Schriften in der Breite der Wirklichkeit und der Prosa geben, erscheint im Faust in der Verkürzung und Erhöhung des Gedichts. Die Entwicklung dieser mächtigen Entelechie oder Monade erfolgt, Hohem Stil gemäß, in der Form schweigender Metamorphosen, oder, naturwissenschaftlich gesprochen, plötzlicher Mutationen: in die Welten, die er betritt, wächst Faust nicht hinein, er ist ihnen sogleich gewachsen, ihnen angepaßt wie ein Lebewesen seinem Element. Kein empfängliches Erleiden – wie es Wilhelm Meister, den Märtyrer der Entselbstung, schließlich zum Schatten entleert –, sondern herrisches »Ergreifen« und »Durchstürmen«, kraftgeladene Verselbstigung bis zum Ende.

Dabei heben sich die drei großen Versuchungen heraus, die er nicht nur besteht, sondern mit immer höherem Aufschwung beantwortet. Die Lockung der Genuß- und Scheinwelt des Hofes bringt ihn zu den Müttern, nach Hellas und vor Persephones Thron. Die weit gefährlichere Lockung Helenas zu einem pflichtenlosen ästhetischen Dasein weckt in ihm den Krieger und Herrscher und steigert noch seine nordische Maßlosigkeit – des zum Zeichen sich Euphorion in den Tod stürzt. Der Sorge gar, der raunenden Stimme alles Niederziehenden, Lähmenden, Verneinenden, begegnet der Hundertjährige mit nur noch bewußterem Trotz und Schaffensdrang. Die großartige Lebensbilanz, die er hier zieht, und die harte Entschiedenheit, mit der sein Geist den körperlichen Verfall und die Todesdrohung (symbolisiert durch seine Blendung) mit »tausend Händen« überbietet, sind weit mehr »der Weisheit letzter Schluß« als die von ihm so bezeichneten Worte.

Hört man dazu – untrüglicher Beweis – bei diesen »Antworten« Fausts jeweils den glühenden Ton der Ergriffenheit, herrischen Stolzes, furchtloser Entschlossenheit und unzerstörbarer Schöpferkraft, so ist kein Zweifel, daß hier eine mächtige Monade ihren ersten Lebenskreis vollendet hat. Den Pessimismus jenes einstigen großen Fluches überwindend, hat sie, ob auch »unbefriedigt jeden Augenblick«, den Sinn des Lebens in rastloser Tätigkeit gefunden. Nachdem ihr »der Erdenkreis genug bekannt« geworden, besitzt sie – wie es Goethe auch für sich beansprucht hat – ein Recht darauf, in größere Verhältnisse des Weltalls eingesetzt zu werden.

Die letzten Szenen deuten in der Verhüllung des Mysteriums auf diese überirdischen Daseins-Stufen der irdisch bewährten, aber auch irdisch gehemmten Monade, die sie in einem schweigenden Erleiden, das angespannteste Kraft ist, durchlebt. Wenn damit der Monaden-Mythos die Wendung ins Religiöse nimmt, so entspricht das – von den künstlerischen Rücksichten abgesehn – völlig den innersten Überzeugungen Goethes, der Dasein als solches immer als Liebe empfunden hat. Bemerkenswert ist dabei, daß dieser Epilog im Himmel keineswegs den Schauplatz des Prologs erneuert: an die Stelle der klassischen Ruhe ist Bewegung getreten, ein ahnender Blick in die kreisenden »Höheren Sphären«, und die »Ewige Liebe« wird nicht mehr in Gott-Vater persönlich dargestellt, sondern in einem Stufenreich ihn jeweils und jeorts vertretender Gestalten. –

Hinter all diesen Bildern leuchtet ein grenzenloses Vertrauen zum Leben, eine gegenüber dem Divan noch vertiefte Weltgläubigkeit. Goethe tat recht daran, dieses sein eigentliches »Vermächtnis« nicht dem »Dünenschutt der Stunden« preiszugeben, sondern erst nach seinem Tode veröffentlichen zu lassen. Ein Jahrhundert hat es gebraucht, bis unser Verständnis hie und da die Absichten und die geistigkünstlerische Leistung dieses Weltgedichtes eingeholt hat; späteren Geschlechtern wird es immer neue Tiefen offenbaren, indem es in geheimnisvoller Tätigkeit die Organe zu seiner Erfassung selber schafft und schärft.

> Steigt herab in meiner Augen
> Erd- und weltgemäß Organ.
>
> —
>
> Wüßte nicht genau zu sagen,
> Ob ich es noch selber bin;
> Will man mich im Ganzen fragen,
> Sag ich: Ja, so ist mein Sinn.
> Ist ein Sinn, der uns zuweilen
> Bald beängstet, bald ergetzt
> Und in so viel tausend Zeilen
> Wieder sich ins Gleiche setzt.

SCHLUSS

Den im September 1831 eingesiegelten Faust hat Goethe schon im folgenden Januar wieder hervorgeholt und Ottilie vorgelesen; dabei entstand »neue Aufregung zu Faust in Rücksicht größerer Ausführung der Hauptmotive, die ich, um fertig zu werden, allzu lakonisch behandelt hatte«. Diese Tagebuch-Notiz, zwei Monate vor seinem Tode, ist das jüngste, nicht geringste Zeugnis für die rastlose »Gestaltung, Umgestaltung« Goethischer Gedanken und für den sozusagen zufälligen Charakter seiner Werke. Denn wie der Faust des 85- oder 90jährigen sich von jeder früheren Formung unterschieden hätte (im Jahre 1816 sollte »der Teufel selbst Gnad und Erbarmen vor Gott finden«), so haben wir auch seine übrige Dichtung nur als Ausdruck einer jeweiligen Lebensstimmung und Überzeugung zu begreifen. Deren rascher Fortgang verursacht die ungewöhnlich hohe Zahl der Entwürfe und Bruchstücke; nicht minder die verschiedenen Fassungen oder Schlüsse einzelner Werke und die Brüche in denjenigen, an denen Goethe Jahre oder gar Jahrzehnte gesonnen hat. Anderseits stellen sich rasch entstandene Dichtungen, wie der erste Werther, Hermann und Dorothea und die Wahlverwandtschaften deutlich als Kinder eines bestimmten Augenblicks dar – eine Spanne vorher oder nachher, und sie wären anders oder gar nicht geworden.

Seine wissenschaftlichen Schriften gewähren denselben Anblick. Der Winckelmann und Dichtung und Wahrheit, die Metamorphose des Tierreichs und die Farbenlehre lassen sich auch nicht beliebig auf der Zeittafel verschieben, wenn schon der Spielraum hier größer erscheint. Das betrifft auch Einzelnes. Selbst ein scheinbar so fester Begriff wie der des Typus, dieser wichtigste Eckstein seines Natur und Kunst überwölbenden Gedankengebäudes, befindet sich im Zustand des Fließens und in einem geheimen Zusammenhang mit Goethes jeweiligen sonstigen Überzeugungen; dem „Stockrealisten" von 1786 bedeutet er etwas weit Handfesteres als dem durch Schiller und Kant Belehrten, und im Jahre 1829 ist er zum irrationalen »Bildungsgesetz« geworden, »von dem in der Erscheinung nur Ausnahmen aufzuweisen sind«.

Unbewußter Wandlungen solcher Art kennt die Geistesgeschichte nicht wenige; aber während z. B. Schelling im Alter noch die Entwürfe seiner Jugend unverändert auszuführen wähnt, ist sich der ältere

Goethe des Augenblicks- und Zufallscharakters seiner Urteile bewußt und beansprucht ausdrücklich das Recht widersprechender, unvereinbarer Äußerungen: »Bin ich denn darum 80 Jahre alt geworden, daß ich immer dasselbe denken soll?« Ernsthafter als dieses launische oder launige Wort ist die Bemerkung: »Sowie etwas ausgesprochen wird, sogleich wird ihm auch widersprochen, so wie der Ton gleich sein Echo hat«; und gegenüber Jacobis dogmatischer Glaubensphilosophie lehnt er es grundsätzlich ab, »an einer Denkweise genug zu haben; als Dichter und Künstler bin ich Polytheist, Pantheist hingegen als Naturforscher, und eins so entschieden als das andre. Bedarf ich eines Gottes für meine Persönlichkeit, als sittlicher Mensch, so ist dafür auch schon gesorgt. Die himmlischen und irdischen Dinge sind ein so weites Reich, daß die Organe aller Wesen zusammen es nur erfassen mögen.« Hier spricht tiefstes Wissen von der Beschaffenheit der Welt; dem Proteus des Lebens entgegnet die Proteus-Natur des wandelbarsten Geistes. Mit dem »Schaudern«, das »der Menschheit bestes Teil« ist, hat er »jenen sonderbaren, aber ungeheuren Spruch« wiederholt: Nemo contra deum nisi deus ipse. —

Seine ganze Dichtung gehorcht dem geheimen Bewußtsein, daß jedes Einzelwort einseitig und ungerecht ist. Das Ja und Nein des Weltgeistes nachahmend treibt er schon in der Jugend Gegensätze hervor wie Ganymed und Prometheus, Faust und Werther, Gretchen und Klärchen. Seine spätere Dichtung wird immer stärker von solcher Polarität durchwaltet. Um die gleiche Wahrhaftigkeit bemüht er sich auch, wenn er bestimmte Personen, Situationen und Probleme steigernd wiederholt (Götz-Egmont, Weislingen-Clavigo, Carlos-Mephisto-Antonio, Werther-Fernando-Tasso), ein Verfahren, das seinen Gestalten jene Familienähnlichkeit verleiht und jene geheime Verbundenheit mit ihrem Schöpfer, die der Selbstgenugsamkeit des Kunstwerkes so denk- und fragwürdig widerspricht.

Als Naturwissenschafter oder »Naturschauer« sucht er das jenseits unsrer logischen Bestimmungen wesende Unendliche mit jenen irrationalen Ausdrücken zu erfassen, welche der gelehrten Zunft lange genug als Beweis törichten Dilettantentums gegolten haben. Da redet er von »beweglichen Gesetzen« und von einer Natur, »die, zwar mit höchster Freiheit wirkend, sich doch von ihren Grundgesetzen nicht entfernen kann«, von »offenbarem Geheimnis« und von »geprägter Form, die lebend sich entwickelt«. Das Wort von der »Wechseldauer« des Regenbogens gehört hierher oder der Satz »Alles Faktische ist schon Theorie« und der gegensinnige »Die Idee tritt immer als fremder Gast in die Erscheinung«.

Solche Widersprüche mögen den logischen Kopf aufregen, und die eigentümliche Ungeschlossenheit seines dichterischen Werkes hat manchen Kunsttheoretiker bekümmert; aber alle diese Dichtungen, Aufsätze und Darstellungen wollen als Mitteilungen eines Geistes genommen werden, der seine Eindrücke von der Welt möglichst rasch und genau notiert. Er greift zu jedem Werkzeug, er gibt lieber eine hastige Faustskizze als über der Ausführung eines Gemäldes unendlichen Lebensstoff unfixiert wegrinnen zu lassen. Eine dämonische Besessenheit beseelt sein unerbittliches Auge; die zupackende Hand hat keine Zeit für gefällige Zurichtung; auf der Stirne steht: »Ich bin ein Mensch, der Mühe hat.«

Diesem harten Ernst widerspricht es nur scheinbar, wenn Goethe immer wieder sagt, er wolle »nichts als Profession betreiben«, »alles spielend treiben«, »als Künstler traktieren«. Vielmehr ermöglicht nur solches Verfahren die »vermannigfaltigte Tätigkeit«, zu der er sich früh bekannt hat; nur dadurch, daß er sich keiner Einzelaufgabe mit Haut und Haar verschreibt, kann er so viele neben- und nacheinander behandeln: das »Spiel« ist der Ernst des Genius. – Den gleichsam unwillkürlichen Wechsel seiner Beschäftigungen drückt er einmal in einem eindringlichen Gleichnis aus: »In den hundert Dingen, die mich interessieren, konstituiert sich immer eines in der Mitte als Hauptplanet, und das übrige Quodlibet meines Lebens treibt sich indessen in vielseitiger Mondgestalt herum, bis es einem und dem andern auch gelingt, gleichfalls in die Mitte zu rücken.« Auf solche Weise erhält er sich eine instinktive Freiheit und Frische und kann neue Aufgaben wie mit neuen Organen angreifen.

Das Gleichnis deutet zugleich den sonderbaren Abstand an, den sein Ich gegenüber seinen inneren Zuständen, Beschäftigungen und Hervorbringungen wahrt. In jeder ist er ganz zugegen, aber so, wie Suleika an Gottes Statt geliebt werden will: »Für diesen Augenblick!« Das zeigt ein Vergleich seiner autobiographischen Schriften mit den peinlichen

Beichten seiner großen Vorgänger Augustinus und Rousseau; und selbst seine Lyrik hat nie den Charakter der Selbstpreisgabe wie etwa diejenige Brentanos. Wir gewahren jeweils bloß den Sektor eines unendlichen Bogens:

> Immer hab ich nur geschrieben,
> Wie ichs fühle, wie ichs meine,
> Und so spalt ich mich, ihr Lieben,
> Und bin immerfort der Eine.

Aber was sein poetisches und wissenschaftliches Schaffen in rätselhaftem Rhythmus gliedert, durchwirkt ebenso den lebendigen Menschen und seinen Verkehr mit der Welt. Erschreckend stürmisch in seiner Jugend, wo ihn etwa Friedrich von Stolberg »schmelzend und wütend in einer Viertelstunde« erlebt; aber auch der Mann und der Greis kann trotz aller Mühe die Gegensätze einer gewaltigen Natur nicht bergen und bändigen. Seiner Umgebung ist er wie ein unbegreifliches Universum vorgekommen: majestätisch donnernd und väterlich milde, von maßloser Leidenschaft und von klarer Bewußtheit, rasch zu Tränen bewegt, und wieder kühl und streng oder schneidend ironisch, skeptisch, zynisch. Ein geistvoller Plauderer, ein übermütiger Spaßmacher, fröhlich wie ein Kind – bis irgend eine Verstimmung ihn zu furchterregender Einsilbigkeit bringt. Dann schießen seine Augen Blitze und erstarrt sein Gesicht, dessen bewegliche Anmut sonst entzückt und zusammen mit Stimme und Gebärde seine Erzählungen mimisch begleitet. Freilich konnten es nach Schillers Tod immer nur wenige Menschen sein, welche die Breite dieser Natur wahrzunehmen fähig waren; sie gestanden, nie »eine so vollkommene Ganzheit« erlebt zu haben.

Solche Kraftfülle und die ihr mühelos entströmende Leistung hat der alte Goethe nicht mehr als sein Eigentum empfunden. Zu Soret sagt er: »Was bin ich denn selbst? Was habe ich geleistet? Alles, was ich gesehen, gehört und beobachtet, hab ich gesammelt und genutzt. Meine Werke sind von tausend verschiedenen Einzelwesen genährt worden; Unwissende und Weise, Leute von Geist und Dummköpfe, die Kindheit, das reife und das Greisenalter, alle kamen und brachten mir ihre Gedanken, ihre Fähigkeiten, ihre Erfahrungen, ihr Leben und ihr Sein. Oft hab ich geerntet, was andre gesät haben; mein Werk ist das eines Gesamtwesens, das den Namen Goethe trägt.«

So stellt er sich gleich Faust als mächtige Entelechie dar, Welten verzehrend und gebärend, fähig als Mikrokosmos den Makrokosmos zu spiegeln wie es noch kein Mensch getan. Denn dies ist sein eigentliches Unternehmen, und sein Dichtertum – das stärkste, das seit Shakespeare erschienen ist – bildet im Rahmen seines Gesamtwerkes nur ein Teilgebiet neben den Provinzen des Denkers, des Forschers und des Tatmenschen. In ihnen allen ist er wechselweise mit gleicher Kraft tätig, für alle scheint er reich ausgestattet. Seine sinnlichen und seelischen, geistigen und sittlichen Fähigkeiten, in rastloser Energie sich verbindend und sich lösend, zusammen und gegeneinander wirkend, seine reizbare Empfänglichkeit und die ebenso entschiedene

Kraft, auf Eindrücke schöpferich zu antworten – dies alles deutet auf einen Beruf, für den wir keinen Namen haben. Dürfte man das »Weltkind« jenes heiteren Jugendgedichts mit dem höchsten Inhalt erfüllen, so träfe man den Sinn des Goetheschen Lebens: von allen Menschen, die wir kennen, hat er die zahlreichsten und zartesten Organe erhalten und ausgebildet, um die Welt aufzunehmen. Ihr sichtbares und ihr unsichtbares Wesen, ihre physischen und ihre geistig-sittlichen Gesetze wird er gewahr in allen Graden der Annäherung, von wissenschaftlicher Entdeckung bis zur mystischen Ahnung, und in wachsender Erhellung gibt er seine Erkenntnisse wieder, auch sie in vielen Formen, vom mathematischen Beweis bis zum Symbol.

Seiner Sendung gemäß ist er auf ein langes und innerlich verlaufendes Leben angelegt. Er hat einmal für jedes bedeutendere Leben drei Perioden unterschieden, »die der ersten Bildung, die des eigentümlichen Strebens und die des Gelangens zum Ziel, zur Vollendung«, und es ist ihm vergönnt gewesen, alle drei Zeiten rein auszuleben und darzustellen, den glühend um sich kreisenden Jüngling, den ordnenden und sich einordnenden Mann, den dem Unendlichen sich öffnenden Greis. Benennt man diesen Lebensweg symbolisch nach den heiligen Orten, die er aufgesucht, nach den Kunstgattungen, die er jeweils bevorzugt, nach den Führer-Genien, denen er sich überläßt, so geht er von Straßburg über Rom nach Schiras, von der gotischen Baukunst und dem Drama über die klassische Plastik zur Musik, von Erwin von Steinbach und Shakespeare über Winckelmann und Raffael zu Hafis und Bach.

Dieses Leben, das »nie geschlossen, oft geründet« die Botschaften der Gottnatur rein empfängt und wiedergibt, als tiefsten Kern birgt es einen sittlichen Sinn, der alle seine mächtigen Gaben erst zusammenschließt, leitet und heilsam macht. Denn an sich wäre Goethe, nach eigenem Geständnis, wohl fähig gewesen »sich und andere zugrunde zu richten«. Aber er scheucht die Dämonen der Eitelkeit, des Selbstsinnes, der Ehrsucht, der Machtgier; er überwindet die Versuchungen des Hochmutes und des Kleinmuts, der Beharrung, der Überhitzung und der Ermüdung, des Lebensekels und des Menschenhasses. Uneigennützige Güte und Liebe suchen den Weg für die »Brüder«. Das Bewußtsein seiner Verantwortlichkeit durchdringt immer weitere Bereiche seines Handelns und Seins; am Ende seines Lebens steht er, Makarien gleich, in den größten Bezügen des Weltalls.

Wie weltgültig sein Wirken auch ist, uns Deutsche spricht er unmittelbar an. Schon durch die Sprache, die der Jüngling durchglüht, der Mann geklärt, der Greis vergeistigt hat bis ins Unaussprechbare. Tiefer durch sein Wesen, das in Vorzügen und Mängeln deutsches Wesen ist. Schwer trägt er am Erbe des Volkes der Musik und der Metaphysik, trägt er die tödlichen Gegensätze des Volkes der Aufschwünge und Niederbrüche. Schon der Wertherdichter sichtet die Gefahr; Goethes ferneres Leben ist ein immer bewußterer Kampf um die »Bildung« des inneren Chaos, ein Kampf für die

Mächte der Überlieferung und der Gemeinschaft gegen das rauschhaft gefühlte Ich. Er hat dabei das »verfluchte Volk« gescholten wie Hölderlin und Lagarde, Raabe, Nietzsche und George es gescholten haben: Haltung eines Erziehers, der sich und seinem Zögling das Härteste und das Höchste zumutet.

Seine Wirkung hat kaum begonnen. Eben erst hat man entscheidende Einsichten des Natur- und Geschichte-Schauers wieder entdeckt; wie vieles mag er, als »offenbares Geheimnis«, den Nöten und Fragen späterer Zeiten aufbehalten haben. Sein Geist, aus Werken, Briefen, Gesprächen und unsichtbarer Überlieferung unausgesetzt strömend, kennt keine äußerlichen, unreinen Mittel des Zwangs und der Verführung; er bietet sich dem Bedürftigen schweigend an wie die Natur und ermutigt ihn, »sich dankend umzuarten«, vielmehr die eigne Art so rein wie möglich auszubilden. Denn, so mahnt das Wort und das Vorbild dieser ganz Gestalt gewordenen Kraft: »Das Sicherste bleibt immer, daß wir alles, was in und an uns ist, in Tat zu verwandeln suchen«.

FSC
www.fsc.org
MIX
Papier | Fördert gute Waldnutzung
FSC® C083411

Kolibri 360 GmbH
Ferdinand-Jühlke-Straße 7
99095 Erfurt, Deutschland
produktsicherheit@kolibri360.de